全国主推高效水产养殖技术丛书

全国水产技术推广总站　组编

河蟹高效养殖致富技术与实例

陈焕根　主编

中国农业出版社

图书在版编目（CIP）数据

河蟹高效养殖致富技术与实例/陈焕根主编 . —北京：中国农业出版社，2016.6（2019.4 重印）
（全国主推高效水产养殖技术丛书）
ISBN 978 - 7 - 109 - 21655 - 6

Ⅰ.①河… Ⅱ.①陈… Ⅲ.①中华绒螯蟹-淡水养殖 Ⅳ.①S966.16

中国版本图书馆 CIP 数据核字（2016）第 097404 号

中国农业出版社出版
（北京市朝阳区麦子店街 18 号楼）
（邮政编码 100125）
责任编辑 张艳晶 郑 珂

中国农业出版社印刷厂印刷 新华书店北京发行所发行
2016 年 6 月第 1 版 2019 年 4 月北京第 3 次印刷

开本：880mm×1230mm 1/32 印张：4.875 插页：4
字数：120 千字
定价：28.00 元
（凡本版图书出现印刷、装订错误，请向出版社发行部调换）

丛书编委会

本书编委会

主　编　陈焕根　江苏省渔业技术推广中心

编　委　陈焕根　江苏省渔业技术推广中心

　　　　王明宝　江苏省渔业技术推广中心

　　　　高　勇　全国水产技术推广总站

　　　　王桂民　常州市金坛区水产技术指导站

　　　　刘学光　辽宁省水产技术推广总站

　　　　黄春贵　江苏省渔业技术推广中心

　　　　王国清　苏州市阳澄湖现代农业发展有限公司

　　　　郭　闯　江苏省渔业技术推广中心

　　　　盖建军　江苏省渔业技术推广中心

　　　　张　敏　江苏省渔业技术推广中心

　　　　罗　明　常州市金坛区水产技术指导站

丛书序

　　我国经济社会发展进入新的阶段，农业发展的内外环境正在发生深刻变化，加快建设现代农业的要求更为迫切。《中华人民共和国国民经济和社会发展第十三个五年规划纲要》指出，农业是全面建成小康社会和实现现代化的基础，必须加快转变农业发展方式。

　　渔业是我国现代农业的重要组成部分。近年来，渔业经济较快发展，渔民持续增收，为保障我国"粮食安全"、繁荣农村经济社会发展做出重要贡献。但受传统发展方式影响，我国渔业尤其是水产养殖业的发展也面临严峻挑战。因此，我们必须主动适应新常态，大力推进水产养殖业转变发展方式、调整养殖结构，注重科技创新，实现转型升级，走产出高效、产品安全、资源节约、环境友好的现代渔业发展道路。

　　科技创新对实现渔业发展转方式、调结构具有重要支撑作用。优秀渔业科技图书的出版可促进新技术、新成果的快速转化，为我国现代渔业建设提供智力支持。因此，为加快推进我国现代渔业建设进程，落实国家"科技兴渔"的大政方针，推广普及水产养殖先进技术成果，更好地服务于我国的水产事业，在农业部渔业渔政管理局的指导和支持下，全国水产技术推广总站、中国农业出版社等单位基于自身历史使命和社会责任，经过认真调研，组建了由院士领衔的高水平编委会，邀请全国水产技术推广系统的科技人员编写了这套《全国主推高效水产养殖技术丛书》。

　　这套丛书基本涵盖了当前国家水产养殖主导品种和主推

技术，着重介绍节水减排、集约高效、种养结合、立体生态等标准化健康养殖技术、模式。其中，淡水系列 14 册，海水系列 8 册，丛书具有以下四大特色：

技术先进，权威性强。 丛书着重介绍国家主推的高效、先进水产养殖技术，并请院士专家对内容把关，确保内容科学权威。

图文并茂，实用性强。 丛书作者均为一线科技推广人员，实践经验丰富，真正做到了"把书写在池塘里、大海上"，并辅以大量原创图片，确保图书通俗实用。

以案说法，适用面广。 丛书在介绍共性知识的同时，精选了各养殖品种在全国各地的成功案例，可满足不同地区养殖人员的差异化需求。

产销兼顾，致富为本。 丛书不但介绍了先进养殖技术，更重要的是总结了全国各地的营销经验，为养殖业者更好地实现科学养殖和经营致富提供了借鉴。

希望这套丛书的出版能为提高渔民科学文化素质，加快渔业科技成果向现实生产力的转变，改善渔民民生发挥积极作用；为加强渔业资源养护和生态环境保护起到促进作用；为进一步加快转变渔业发展方式，调整优化产业结构，推动渔业转型升级，促进经济社会发展做出应有贡献。

本套丛书可供全国水产养殖业者参考，也可作为国家精准扶贫职业教育培训和基层水产技术推广人员培训的教材。

谨此，对本套丛书的顺利出版表示衷心的祝贺！

农业部副部长

前　言

　　21世纪以来，随着物质生活水平的提高，人们对无公害、绿色食品要求越来越高，政府对环境保护日益重视，河蟹养殖已逐步从传统资源消耗型向环境友好型方向发展，从单一品种养殖模式到多品种综合生态养殖模式转变，生态高效养殖已日益成为河蟹养殖主流，产品质量和经济效益不断提升。

　　目前，高效生态养殖技术已经有了一定程度的普及，但仍有部分河蟹养殖户采用传统的单一养殖模式，盲目投喂饲料，造成水体富营养化。更为严重的是，个别养殖户不能做到科学用药，不仅造成河蟹产品的食品安全出现问题，更危害整个河蟹产业的健康稳定发展，影响了人们的生活和环境安全。

　　根据市场的需求，河蟹养殖业一直在不断地调整与完善，生产方式已经由传统产业向现代化产业转型。尤其是近年来，河蟹生产正在发生许多深刻的显著变化，目前健康生态养殖生产、蟹池综合养殖、稻田综合种养、零排放养殖技术等逐渐推广，有些地方的河蟹龙头养殖企业通过产前科学规划、产中技术标准、产后质量检查等方式进行河蟹安全养殖生产，不仅提高了河蟹的品质，更促进了河蟹养殖产业的健康可持续发展。

编者在总结多年河蟹科研、技术推广与生产实践的基础上，结合有关河蟹养殖的新技术、新模式、新装备，针对出现的新问题提出新的解决办法，编写了本书。本书注重实用性和可操作性，使读者能在较短时间内掌握河蟹生态高效养殖技术。

由于养殖生产的区域性和时效性，书中难免存在疏漏和不足之处，敬请广大读者批评指正。

编　者

2016 年 2 月

目 录

第一章 河蟹养殖概述

河蟹是我国特产，学名为中华绒螯蟹（*Eriocheir sinensis*），又称螃蟹、大闸蟹和毛蟹等。分类学上隶属于节肢动物门、甲壳纲、十足目、方蟹科、弓腿蟹亚科、绒螯蟹属，是我国重要的淡水经济养殖品种。主要分布在我国东部各海域沿岸及通海的河流、湖泊中。

第一节 河蟹养殖生产发展历程

一、人工增养殖阶段

1958 年前，人们食用的河蟹依靠自然繁殖和生长，通过捕捞获得。1958 年后随着水利工程的建设，阻断河蟹洄游路线，产量逐年下降。据资料记载，江苏省 1956 年河蟹捕捞量为 6 000 多吨，1958 年后各湖泊出口处先后建闸，1959 年捕捞量降至 4 650 吨，1968 年捕捞量仅有 500 吨。为提高捕捞产量，我国水产科技工作者从 60 年代起就开始对河蟹苗种资源进行了调查研究，并在此基础上通过采集天然苗种在主要湖泊、河流等天然水域进行人工放流。1969 年在江苏省九大湖泊全面放流蟹苗获得成功，接着上海、浙江、湖北、安徽、湖南等 20 个省市都开展人工放流，1980 年全国河蟹产量达 2 万吨，使我国的河蟹业出现新的局面。

然而，好景不长。由于水利工程建设阻隔河蟹洄游通道和渔民在亲蟹洄游通道长江进行高强度捕捞，能进入长江口繁殖的亲蟹数量大幅度减少，导致长江口天然蟹苗的资源在利用 10 余年后迅速下降。1974 年崇明岛获蟹苗 1 150 千克，1981 年获苗 20 500 千克，但 1982 年仅获苗 25 千克，1987 年也只有 50 千克，天然蟹苗资源几近枯绝。为此，广大水产科技工作者积极探索河蟹人工繁殖技术，不断提高水平，取得了较大的成绩，主要表现在以下三大事件：

一是许步邵于 1971 年在浙江平湖沿海，利用天然咸淡水池塘开展河蟹土池育苗，取得了人工海水池塘育苗的成功。

二是赵乃刚等于 1975 年在安徽滁州，采用人工配制的咸淡水开展工厂化河蟹人工育苗，取得了成功，并获得了国家科技发明一等奖。

三是江苏的水产科研工作者于 1983 年在江苏赣榆，利用对虾育苗设施，采用天然海水开展工厂化海水育苗，取得了成功。这一技术的突破为河蟹人工养殖提高了苗种基础。

二、快速发展阶段

20 世纪 90 年代以来，一方面，随着人民生活水平的不断提高和国际贸易的发展，市场上对河蟹的需求量越来越大。另一方面，由于河蟹养殖投资少，见效快，经济效益高，吸引了大批资金雄厚的企业和个人加入河蟹养殖产业。再加上河蟹人工繁殖技术获得成功及养殖技术的提高和大规模推广应用，极大地促进了我国河蟹养殖业的迅速发展，全国许多省、市都掀起了河蟹养殖的热潮，特别是江淮流域省份的河蟹养殖发展更是迅速。全国河蟹养殖产量 1998 年就达 12 万吨；2000 年已达 20 万吨，产值 120 亿～150 亿元；2001 年达 23 万吨；2014 年达 57 万吨，产值 500 亿元左右。期间经历了 3 个比较具有代表性的时期。

（1）长江天然蟹种养殖期（1988—1990 年）　河蟹人工养殖的初期，以长江捕捞的蟹种养殖，其特点是成活率高、单价高、效益高，但养殖规模相对较小。由于天然蟹种资源的不断减少，一定程度上制约了养殖产业的发展。

（2）天然捕捞蟹种与人工养殖蟹种混合期（1991—1993年）　此期间，河蟹养殖面积扩大，蟹种需求量增加，天然蟹种资源量远远不能满足养殖需求，北方苗种培育技术相对成熟，蟹种产量较高，大量蟹种涌入南下，长途运输及蟹种对南方气候的不适应，造成苗种质量不稳定，病害频发，养成规格小，养殖效益不稳定。

（3）豆蟹养殖兴起（1994—2001年）　由于辽蟹南下养殖成活率低、性成熟早等因素，造成养殖产量低、规格小、效益低下。江苏、安徽等地为解决苗种短缺问题，通过加温，使河蟹提早系列，再利用当年早繁蟹苗，通过大棚强化培养成每千克蟹种2 000～4 000只（因大小如豆，俗称豆蟹），形成当年养成的模式，但由于养成的成蟹规格小、养殖效益一般，同时病害暴发，严重影响了养殖产业的发展。具有代表性的病害是颤抖病，该病1997年后呈大规模流行，1998—1999年前后为发病高峰期，每年3—11月为主要发病季节，发病严重地区发病率高达90%，死亡率超过70%，养殖户"谈抖色变"，对河蟹养殖业危害巨大。这也促使水产科学工作者改变养殖思路，探索新的养殖模式，从而促进了生态养殖河蟹的发展。

三、高效生态养殖阶段

随着养殖规模扩大和产量的提高，解决了我国人民的吃蟹难、吃蟹贵的问题。但是在河蟹养殖业快速发展时期，也带来苗种质量、病害增多等诸多问题，对河蟹产业产生了一定的制约。为了解决这些问题，自2002年开始，各级政府和各有关单位大力宣传和推广生态养殖技术，我国河蟹养殖产业进入一个新的发展阶段——高效生态养殖阶段。江苏地区，在全国率先采用"种草放螺，放养大规格蟹种、降低放养密度，利用微孔增氧技术和水质精准调控"等关键技术的河蟹生态养殖技术，这些技术措施的核心就是保持养蟹水体的生态平衡，维持水质良好稳定，减少应激反应，增强河蟹体质，控制病害发生，提高河蟹成活率和规格，取得较好的经济和生态效益。广大水产养殖科研人员、养殖从业人员结合当地情况，先后创立了"金坛模式""兴化模式""高淳模式""苏州模式"等一大批高效生态养殖模式，省渔业主管部门加大投入力度，开展规模化推广应用，河蟹规格、产量、水体综合利用率、经济效益得到了大幅度提高，使我国河蟹养殖业走上可持续发展的道路，养殖户的效益明显提高。江苏省高淳池塘生态养蟹每667米^{2}平均效益已超过 5 000 元，金坛市涌现出一大批每 667 米² 平均效益超过 10 000 元的养殖户，少数养殖户每 667 米² 平均效益达 20 000 元以上。到 2012 年，全国河蟹产量达 71.44 万吨，产值 450 亿元，我国河蟹养殖产业进入了高效生态养殖的新阶段。

第二节　河蟹养殖现状

一、我国河蟹养殖产业现状

河蟹是我国特有的名优和出口创汇水产品，经过 30 余年的发展，河蟹养殖业已成为我国独具特色的淡水渔业支柱产业之一。我国的河蟹增养殖生产，从 20 世纪 60 年代后逐步发展，至 80 年代以前主要靠捕捞长江口天然蟹苗资源进行人工增殖放流；80 年代初开始由于过度捕捞等原因导致天然蟹苗资源衰竭，使得人们转向进行河蟹养殖生产；20 世纪 90 年代以来，随着我国社会主义市场经济的逐步建立，受市场价格作用的刺激，也由于河蟹人工繁殖技术获得成功，极大地促进了我国河蟹养殖业的迅速发展，河蟹养殖遍及全国许多省、市，特别是长江流域省份的河蟹养殖的发展更是迅速。2014 年，全国河蟹养殖面积达 1 000 500 万米² 以上，涉及全国 30 余个省份，产量 71.44 万吨。江苏省河蟹的产业规模和创新水平一直排在全国前列，养殖面积达 300 150 万米²，产量 34 万吨，约占到全国的一半，产值 200 余亿元，已成为江苏省淡水养殖的第一大产业。安徽、湖北二省河蟹养殖规模较大，总产量分别居全国第二、第三位。

近几年来，由于市场需求和经济效益的推动，河蟹养殖正在向大规模生态养殖技术模式过渡，由大养蟹变为养大蟹。在生产组织形式上正在由分散零星养殖向规模化集约养殖过渡，全国大部分主产区都已形成以河蟹品牌为龙头的养殖联合体，如我国河蟹养殖大省——江苏省形成"江苏省红膏集团""苏州市相城区国家现代农业产业园""南京高淳青松公司"等一批龙头企业，组建一大批河蟹养殖合作社；具有中国驰名商标 3 个，省级以上名牌产品 20 个以上。在质量控制上正在由常规养殖向无公害、生态化养殖过渡，由单一养殖向综合养殖发展，特别是在江苏地区，形成了"金坛模式""兴化模式""高淳模式""苏州模式"等一大批蟹池综合高效生态养殖模式，蟹池综合利用水平不断提高，产量和经济效益逐年提升，而且大规格优质蟹所占比例越来越高，初步形成了生态养殖技术体系，为当地河蟹产业持续健康发展起到了巨大的推动作用。

经过多年的发展和进步，河蟹养殖技术和养殖模式在各地不断取得创新。一是养殖方式的多样化。形成了池塘养蟹、网围养蟹、稻田养殖、河沟养殖等多种养殖模式，因地制宜，形式多样。二是养殖技术的系列化。大规格优质蟹种培育技术、生态养蟹技术、健康养蟹技术等，河蟹养殖技术不断得到充实完善。三是苗种生产的规模化。土池露天自然育苗面积逐年扩大，池塘培育蟹种形成体系，推动着河蟹养殖向着规模化、产业化方向发展。特别是江苏省，初步构建从良种选育到成品加工的较为完整的产业体系，包括良种选育（培育出长江1号、2号良种河蟹），苗种繁育（建立30多家省级良种场、良种繁育场），成蟹养殖（建立示范园、精品园数十家），加工，饲料等较完善的产业体系，保证了当地河蟹产业的可持续发展。

目前，我国河蟹产业正处在一个良好的发展时期，其特点是养殖范围越来越广，不但长江流域和沿海地区养殖，北方和内陆地区也在不断引进发展；产业加快向重点适宜地区集结，成为当地优势产业；产业升级步伐加快，从育苗、成蟹养殖到加工，从国内市场到国际市场，产业链逐步完善，附加值不断提高。

二、存在的主要问题

随着河蟹养殖规模的进一步扩大，养殖过程中逐步出现了养殖环境恶化、产品结构性过剩、发展不平衡、良种缺乏、养殖生产技术不稳定等问题，严重影响了河蟹产业的持续稳定发展。

（1）养殖环境日趋恶化，养殖空间不断受到挤压 近些年，工业"三废"和农药等污染越来越严重，城镇化、工业化进程加快，养殖空间不断受到挤压，宜养区域越来越少。

（2）养殖产品结构性相对过剩　养殖面积和范围不断扩大，养殖技术不断提高，单位产量逐步增加，河蟹总产量逐年增加，加之河蟹被贴上"奢侈品"标签，成蟹，特别是大规格蟹将会出现相对过剩的局面，但真正的优质蟹，特别是达到出口标准的优质蟹还是供不应求的。

（3）养殖技术水平不平衡　总体而言，江苏省高于其他省份。江苏省内的苏南、苏中地区养殖水平显著高于苏北地区，使得养殖产业出现了不平衡发展。

（4）良种覆盖率较低　良种应用的覆盖率不足10%，大部分养殖户使用的蟹种是没有经过选育的亲蟹繁育的子代，生长速度慢，抗病力不强。

（5）河蟹养殖关键技术经验化　水草栽种与管理、水质调控等技术经验化，没有建立科学的数据模型。

（6）饲料营养研究不到位　颗粒饲料的饲料系数相对偏高，颗粒饲料使用率不高。大部分地区以小杂鱼和植物原料为主要饵料，饲料转化率低，养殖成本居高不下，养殖环境压力较大。

（7）蟹池水体利用率低　放养结构不合理，大多以河蟹养殖为主，产量低、风险大，亟待开展以河蟹为主的多品种主养模式研究，优化放养模式，开展蟹池综合养殖，提高水体综合利用水平，增加河蟹养殖的经济效益，降低河蟹养殖业的风险。

（8）信息化水平较低　在生产、流通、销售等方面信息化应用程度低。

（9）组织化、专业化程度不高　大多数还是"游兵散勇"，以小规模养殖为主，养殖新技术推广、质量安全管理、品牌运行与管理等难度大，新技术转化率较低，产品附加值低。

（10）品牌内涵、价值认识有待提高　重申报，轻维护、使用，将"商标"等同于品牌。

（11）市场开拓不够，个性化产品研究不够　海外市场开拓不够，出口市场小；个性化产品研究不够，如江浙沪市场需求量较大的"六月黄"、欧美市场需求量大的"软壳蟹"等产品的生产技术研究不够。河蟹销售时间集中，导致河蟹价格波动大、养殖效益不稳定。

三、发展的方向

随着河蟹产业的快速发展，各种新问题不断涌现，特别是各种自然灾害的不断发生，对河蟹养殖业的负面影响逐步加大。

要保持我国河蟹健康稳定发展，首先必须加强政府对科技的资金支持力度；其次，围绕河蟹产业链中的河蟹育苗、蟹种培育和成蟹养殖这三个关键环节，开展系统的试验研究工作，形成切实提高商品蟹规格、品质、效益的高效生态养殖现代技术体系，为我国河蟹产业的可持续发展提供技术支撑和保证，推动我国河蟹产业的健康可持续发展。

（一）科学布局，做强做大河蟹产业

通过规划引导，推动河蟹生产向优势产区集中，向专、精、优、强方向发展。降低生产成本，提高产品质量，扩大市场，使河蟹生产集聚化、专业化和链条化。

（1）集聚化　形成沿海蟹苗繁育产业带，沿江、沿湖和里下河地区蟹种、成蟹养殖区的格局。

（2）专业化　依靠龙头企业、合作经济组织、行业协会等市场竞争主体的带动，细化产业分工，专业化生产，公司化运作。

（3）链条化　引导河蟹生产从单一的产中环节，扩展到产前、产中、产后等各个环节，从单一的养殖，扩展到加工、储藏、包装、运输、育种、服务等多个门类，使河蟹产业实现多环节、多层次增值，逐步达到自我积累、自我发展的目标。

（二）推行生态化养殖，实现可持续发展

实行"大环境保护，小生态修复"，全面推广应用河蟹生态健康养殖模式。

强化长江口河蟹苗种资源的监测与保护，严格控制捕捞强度，促进天然苗种资源的恢复与增长。

加强对湖泊、池塘等河蟹养殖重点水域的监测，湖泊实施网围养殖综合整治，优化放养结构，压缩网围养殖面积，防范水域生态环境污染。

实施池塘水循环工程和养殖生态环境修复示范工程，推广生态高效养殖技术，改善和保护河蟹养殖水域生态环境。

（三）加强质量控制，实现标准化生产

广泛宣传健康生态养殖和标准化生产理念，更新从业者的养殖理念，推广健康生态养殖技术，转变养殖方式，实现河蟹生产从"量"到"质"的转变。

坚持源头管理和强化过程控制，加强投入品市场监管力度，推行投入品塘口记录和用药处方制度，强化投入品使用的监管。

加强河蟹质量监测，建设水产品质量安全监测体系。

推行实施"依标生产、基地准出、市场准入"制度，把各项标准贯穿于河蟹生产、加工、流通全过程，真正实现全程质量控制。

（四）加强科技创新，支撑产业发展

建立健全河蟹科技创新体系。通过技术创新和集成，开展河蟹品种选育、模式创新、病害防控、药物饲料、产品深加工等相关技术的研发，从各个环节寻求技术突破与技术升级。加快科技成果转化应用，提高水体利用率和产出率。

加强基础理论研究，构建符合河蟹生长要求的生态环境（蟹池构造，水草品种、结构、平面立体分布，水体质量等）；加强水质调控技术研究，使水质调控更加精准化、科学化；加强良种培育与示范推广，提高良种覆盖率；加强饲料营养与投喂技术研究，提高河蟹饲料利用率；加强河蟹病害研究，摸清主要病害的发病和药物作用机理，加强生态防控技术研究。开展蟹池多品种养殖模式研

究，优化养殖模式，稳定蟹池养殖生态系统，提高蟹池水体综合利用水平，增加蟹池产出，降低养殖风险。

（五）提高组织化程度，推技保质稳效

支持河蟹养殖大户及市场经纪人牵头领办专业合作社，在质量安全标准和生产技术规程、投入品采购供应、产品和基地认证认定、品牌建设与市场销售等方面统一运作，提高产业组织化程度，提高养殖技术和投入品管理水平，确保产品质量，增加产品附加值。

鼓励合作社向渔需物资供应、成果推广、加工运销一体化方向发展。充分发挥其人才、资本、市场等优势，构建"一主多元"推广模式，丰富和完善技术服务方式。

对规模较大的河蟹养殖企业，通过公司制、股份制改造，优化资本结构，构建人才队伍，引入现代企业管理机制，培育一批国家级和省级龙头企业。条件成熟后，协助企业进入资本市场，争取一部分龙头企业上市。

（六）强化品牌建设，提升产品附加值

实施品牌化发展战略，以品牌规范生产、开拓市场，加强品牌注册、品牌整合、品牌战略实施、品牌价值评估和品牌带动推进等工作。通过展示、展销等活动，利用电视、广播、报纸、网络等媒体，推介、宣传品牌，扩大产品知名度，将品牌优势转变为市场优势，以品牌提升效益。改变目前品牌"重创建、轻维护、重宣传、轻维权"的格局，探索品牌使用与管理模式。

（七）提高信息化水平，促进产业转型升级

在河蟹重点产区推动信息服务点建设，通过手机微信、短信、电视、电话和互联网等媒介及时向渔民发布产业政策、供求信息、防病治病技术、市场价格等方面的信息，提高企业信息化知识的应用水平。

　　大力发展精准蟹业、感知蟹业、智慧蟹业，在规模化河蟹生产基地开展物联网技术的示范应用，建立健全河蟹可追溯系统。不断加强流通领域的信息化建设与改造，扶持建设一批跨区域、专业化的河蟹交易市场、网站和平台。大力发展河蟹产业物流，开拓连锁经营、配送销售、网上交易等，推动河蟹营销方式由传统模式向电子化方向发展。

第二章　河蟹生物学特性

第一节　河蟹的形态与分布

一、河蟹的形态结构

(一)外部形态

河蟹由头胸、腹部、胸足三部分组成。因进化演变的缘故，河蟹的头部和胸部愈合，形成头胸部，是蟹体的主要部分。头胸部由背腹两块硬甲包被。背甲，又称头胸甲，俗称蟹斗；腹甲，俗称蟹肚。背甲一般呈墨绿色，但有时也呈赭黄色，这是河蟹对生活环境颜色的一种适应性调节，也是一种自我保护。背甲中央隆起，表面起伏不平，形成6个与内脏相对应的区域，分别为胃区、心区、左右肝区和左右鳃区等。在胃区前面有3对疣状突起，呈品字形排列。前面1对向前凸似小山状，后面中间1对明显。背甲的前缘比较平直，有4个齿突，称为额齿，额齿间的凹陷以中央的1个最深，其底端与后缘中点间的连线长度可以表示体长。背甲前端折于头胸部之下，有肝区、颊区和口前部之分。前端两侧眼眶中生有1对具柄的复眼，复眼内侧有2对附肢，分别为第1和第2触角。头胸部的腹面为腹甲所包被，腹甲通常呈灰白色，其中央有一凹陷的腹甲沟，两侧由对称的7节胸板组成，前3节愈合。河蟹的生殖孔则开口在腹甲上，雌性生殖孔位于第5节，雄性则位于最末端的第7节。河蟹的腹部共分7节，俗称蟹脐，已退化成一层薄片，弯向前下方，紧贴在头胸部之下。腹部的形状，在幼蟹阶段，无论雌雄均为狭长形。在成长过程中，雄蟹形状变为狭长形，雌蟹则渐渐变成圆形。所以人们习惯上把雄蟹的腹部称为尖脐，雌蟹的腹部称为圆脐，这是区别成蟹的最显著、简便的标志。河蟹具有 5 对胸足，对称伸展于头胸部的两侧。所有的胸足均可分为 7 节，各节分别称为底节、基节、座节、长节、腕节、掌节和趾节。第 1 对胸足已演化为螯足，后 4 对为步足。螯足强大，呈钳状，掌部密生绒毛，成熟雄蟹尤甚。螯足具捕食、掘穴和防御的功能。而其他 4 步足则具有爬行、游泳和掘穴的功能。

（二）内部结构

河蟹体内具有下列器官。

1. 消化系统

包括口、食管、胃、中肠、后肠和肛门。口位于额区下沿中部，有 1 对大颚、2 对小颚和 3 对颚足层叠而成一套复杂的口器。食道短且直，末端通入膨大的胃。胃的结构，外观为三角形的囊状物，可分贲门胃和幽门胃两部分。中肠之后为后肠，较长，末端为肛门。肝胰脏是河蟹重要的消化腺，呈橘黄色，富含脂肪，味道鲜嫩（俗称蟹黄）。它分为左右两叶，由众多细枝状的盲管组成，有 1 对肝管通入中肠，输送消化液。

2. 呼吸系统

河蟹的鳃位于头胸部两侧的鳃腔内，呈灰白色，共有 6 对海绵状鳃片。鳃腔通过入水孔和出水孔与外界相通。

3. 循环系统

心脏位于背甲之下、头胸部中央，呈肌肉质，略呈长六角形，俗称"六角虫"。心脏外包一层围心腔壁，并有系带与腔壁相连。从心脏发出的动脉共有 7 条，其中 5 条向前，2 条向后，分别是 1 条前大动脉、2 条头侧动脉、2 条肝动脉、1 条胸动脉及 1 条后大动脉。河蟹的血液无色，仅由淋巴和吞噬细胞（即血细胞）组成，而血清素则溶解在淋巴液内。

4. 神经系统

河蟹具有两个中枢神经系统：脑神经节发出触角神经、眼神经、皮膜神经等，并通过内脏器官；胸神经节向两侧发出神经分布到 5 对胸足，向后发出到腹部，为腹神经，分裂为众多分支，故其腹部感觉尤其灵敏。

5. 感觉器官

河蟹有 1 对复眼，每一个复眼由许多只小眼组成，其视力相当好。复眼有眼柄，既可直立，又可横卧，活动自如。此外，河蟹有平衡器的感觉毛，平衡器能校正身体的位置。身体和附肢上的刚毛也有触觉功能。

6. 生殖系统

性腺位于背甲之下，雌蟹生殖器官包括卵巢及输卵管两部分，分左右相连的两叶，呈 H 形，成熟的卵巢呈酱紫色，非常发达。输卵管很短，末梢各附一纳精囊，开口于腹甲上的雌孔。交配后纳精囊内充满精液，膨大成乳白色球状。精巢乳白色，左右两个，下方各有一条输精管相连。输精管后端粗大，肌肉发达，称为射精管，射精管在三角膜的下内侧与副性腺汇合，汇合后的一段管径显著变细，穿过肌肉，开口于腹甲第 7 节的皮膜突起，称为阴茎，长约 0.5 厘米。副性腺为分支状盲管，分泌物黏稠，呈乳白色。它是河蟹最可口部分，人们通常说的"蟹黄"就是卵巢与肝胰脏的统称。雄蟹的精巢、射精管、输精管和副性腺，即为人们通常所说的"蟹膏"，也是河蟹的精华部分。

7. 排泄系统

河蟹的排泄器官为触角腺，又称绿腺，为 1 对卵圆形囊状物，在胃的上方，开口于第 2 触角的基部，由海绵组织的腺体和囊状的膀胱组成。

二、河蟹的自然分布

河蟹分布范围很广。在国外，除朝鲜黄海沿岸外，整个欧洲北部平原几乎均有分布，分布范围包括德国、荷兰、比利时、法国、英国、丹麦、瑞典、挪威、芬兰、俄罗斯、波兰、捷克等国家，分布中心在易北河与威悉河流域，河蟹在欧洲的分布范围从 19 世纪开始逐步扩大，由于其繁殖力强，种群扩展速度较快。

除欧洲外，近年来北美洲也发现了河蟹，由于气候、环境等条件较适宜河蟹生长，因此北美洲有可能会形成较大规模的河蟹种群。我国的渤海、黄海及东海沿岸诸省均有河蟹分布，但以长江口的上海崇明岛至湖北省东部的长江流域及江苏、浙江、安徽和辽宁等省市为主产区。

第二节　河蟹的生物学特征

一、食性

河蟹为杂食性动物，食性较广，但偏好动物性饵料。常见的河蟹动物性饵料有鱼、虾、螺、蚌等；植物性饵料包括豆饼、玉米、蚕豆和小麦等谷类，山芋、南瓜等瓜类，轮叶黑藻、金鱼藻、伊乐藻、菹草、马来眼子菜、苦草、浮萍、凤眼莲、水花生等水草类；在人工养殖的情况下，提倡使用专用颗粒饲料。河蟹在 25～28℃时摄食量最大，生长速度最快。临近性成熟时，不仅夜晚出来觅食，有时白天也出来觅食。河蟹吃饱后，除自身消耗外，其余的营养物质都储存在肝脏内形成蟹黄。河蟹非常耐饥，健壮的河蟹十天或更长的时间不食也能存活。水温在 5℃以下时，河蟹的代谢水平很低，摄食强度减弱或不摄食，在穴中蛰伏越冬。

二、栖息

自然状况下，河蟹通常栖居江河湖泊岸边和水草丛生的地方。在水位稳定、水面开阔、水质良好、水温适宜的水域里，河蟹一般是不打洞的；在水位不稳定的水域里，河蟹会打洞穴居，穴居常位于高低潮水位之间，其洞呈管状，与地平线呈 10°左右的倾斜，洞的深处有少量积水，洞底不与外界相通。穴道长 20～80 厘米。大蟹一般一蟹一穴，有时在连通的蟹道里也有穴居几只蟹的。仔蟹和扣蟹一穴几只或数只。环境水温长时间处于 32℃以上时，河蟹会在穴中蛰伏避暑。通常河蟹昼伏夜出，白天隐蔽，夜晚出来觅食。

三、好斗

争食与好斗是河蟹的天性，经常为争夺食物而互相格斗，在养殖密度大、饵料少时还会互相残杀，特别在蜕壳期，硬壳蟹会攻击软壳蟹。在交配产卵季节，几只雄蟹为了争一只雌蟹而格斗，直至最强的雄蟹夺得雌蟹为止。食物十分缺乏时，抱卵蟹常取其自身腹部的卵来充饥。为避免和减少格斗，在人工养殖时应采取饵料多点、均匀投喂，动物性和植物性饵料要科学搭配；对刚蜕壳的"软壳蟹"要加以保护（如增加作为隐蔽物的水草数量、投饵区应与蜕壳区分开等），蜕壳期间应增加动物性饵料投喂，减少同类互相残杀（河蟹偏爱动物性饲料），提高养殖成活率。

四、自切与再生

捕捉河蟹时，若只抓住1～2只步足，它能将步足挣扎脱落而逃生，生长期很快在原处再生新足，但新足明显小于原来的步足，这就是自切和再生，是河蟹为适应自然环境而长期形成的一种保护性本能。河蟹在整个生命过程中均有自切现象，但再生现象只有在生长蜕壳阶段存在。成熟蜕壳后，河蟹的再生功能基本消失。

第三节　河蟹的生长与蜕壳

一、河蟹的生长

河蟹的生长速度受环境条件的影响很大，特别是受饵料、水温和水质等生态因子的制约。河蟹生活的水域水质良好、水温适宜、饵料丰富，河蟹蜕壳次数就多，且每次蜕壳增肉倍数高。河蟹生长迅速，成活率高、个体大，群体产量高。如果环境条件不良，蜕壳次数减少，且每次蜕壳增肉倍数小，性早熟比例增加，养成成蟹个体也小。因此在自然界，同一年龄的个体大小相差其远。例如，长江水系的河蟹，幼蟹一般当年可长到3～15克，少数可达100～125克（在密度稀、环境条件好、食物丰富的情况下），并可参加生殖洄游；而营养不良或密养条件下，幼蟹生长缓慢，甚至形成"懒蟹"（1千克达几百只到几千只）。此外，在河蟹产卵场附近的幼蟹，受盐度、高温度的影响，生长缓慢，易性早熟。另外，河蟹在第二年的6—10月生长最快，其体重呈指数上升。

二、河蟹的蜕壳

河蟹的生长过程总是伴随着蜕皮（幼体）或蜕壳而进行的。河蟹蜕壳有以下特点：河蟹蜕壳要求浅水、弱光、安静和水质清新的环境，通常在水面下5～20厘米处蜕壳（这一特性要求我们在构建蟹池生态环境时要做到池塘有较大坡比，栽种一定数量水草），一般在半夜至清晨时蜕壳，黎明是高峰期，地点以浅水区或水草上为主；蜕壳前河蟹体色深，蟹壳呈黄褐色或黑褐色，腹甲水锈多，步足硬，蜕壳后的河蟹体色淡，腹甲白，无水锈，步足软；河蟹在蜕壳时及蜕壳完成前不摄食；每次蜕壳后1.0～1.5小时是其生命过程中最脆弱的时刻，活动能力差，抵御敌害的能力差，蜕壳后体内吸收大量水分，因而蜕壳后体重明显增加；河蟹的蜕壳与营养密切有关，除了生长所必需的营养物质（包括钙和磷）外，蜕壳素起重要作用；在正常情况下，河蟹一生蜕壳18次以上，成蟹养殖阶段蜕壳5次左右。

三、年龄与寿命

河蟹的年龄至今尚无一种可以测定的方法，但通过河蟹生长的形态、性成熟情况、生殖洄游的时间和交配后河蟹死亡等现象的分析，可以判断河蟹的年龄和寿命。长江流域生活的河蟹，在自然情况下，6月上旬长江口蟹苗上溯，进入草型湖泊后，第一年生长成幼蟹（扣蟹），翌年 9 月完成最后一次的成熟蜕壳，10 月开始生殖洄游，返回河口浅海处进行交配产卵，一般到翌年 3 月上旬前完成。交配后，雄蟹陆续死亡，抱卵雌蟹在完成孵化、放散幼体后也陆续死亡。因此，长江流域的河蟹寿命约为 2 年。如果再精确一些，雄蟹的寿命为 21～23 个月，雌蟹的寿命为 23～25 个月（图 2-1）。也有少量河蟹因生活环境差（如生活在无水草的河沟或盐度为 4 以上的咸淡水水体等环境中），当年性腺发育成熟，其个体仅 10～35 克，俗称"小绿蟹"，它们也会进行生殖洄游。这批小绿蟹的寿命仅 10～11 个月。

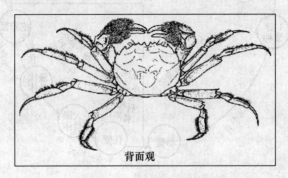

背面观

图 2-1　中华绒螯蟹简图

20 世纪 90 年代中期，为解决蟹种短缺的问题，部分地区采用温室加温提早繁殖（2—4 月已培育出蟹苗），再采用塑料大棚强化培育Ⅴ期幼蟹（俗称豆蟹），用Ⅴ期幼蟹当年养成成蟹。当年绝大部分河蟹性腺发育成熟，并参与繁殖，其寿命为 12～14 个月。

蟹苗或仔蟹、幼蟹在人工养殖条件下，如果饵料营养不足（如仅以植物性饵料和水草为主）或生长的有效积温低，河蟹的生长速度就会放慢，蜕壳间隔时间就会延长。

辽河水系的河蟹在当地饲养，大部分河蟹的寿命是 2 年，少数 3 年；而黑龙江、新疆等高寒地区的河蟹，则大部分的寿命为 3

年，少数甚至可延长到 4 年。河蟹生活史见图 2-2。

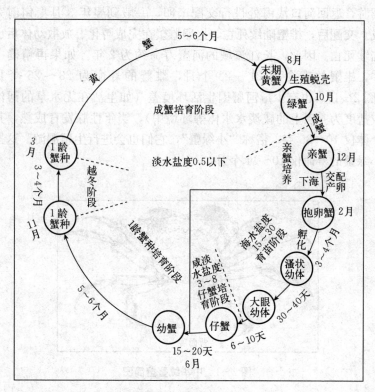

图 2-2 河蟹生活史

第三章 河蟹高效生态养殖技术

第一节 池塘蟹种培育技术

一、培育池条件

(一)培育池大小与结构

蟹种培育池应选择靠近水源、水量充沛、水质清新、无污染、进排水方便、交通便利的土池,底质以黏壤土为宜,使用前要除去淤泥。培育池大小不限,面积 667~2 001 米²,形状以东西向长、南北向短的长方形,长宽比 1:(3~5),宽度以不超过 30 米,池塘埂坡比 1:(2.5~3.0),池深以 1.0~1.2 米为宜。一般在池内离池埂 1~2 米外开挖宽 1.5~2.0 米的环形沟,沟深 0.8~1.0 米。适当增加培育池的池埂周长,满足蟹种沿岸栖息习性,易取得高产(彩图 1)。

(二)配套设施

塘埂四周用 60 厘米高的钙塑板、铝板、石棉板、玻璃钢、白铁皮、尼龙薄膜等材料作防逃设施,并以木、竹桩等作防逃设施的支撑物。如果有条件,可在池塘四周用网或竹片围一圈。电力、排灌机械等基础设施配套齐全。高产塘口需按每 667 米² 0.15~0.2 千瓦的动力配备微孔增氧设施。基建及防逃设施的工作应 4 月之前完成。

二、放养前准备

(一)清塘消毒

蟹苗个体小,抵御敌害能力差,因此,蟹种培育池必须进行彻底清塘消毒。具体操作方法为当年 4 月上旬，在防逃设施安装后，加水至最大水位，然后采用密网拉网除野，同时采用地笼捕灭敌害生物。使用敌杀死杀灭小龙虾，1 周后彻底排干池水。4 月下旬重新向池内注入 20 厘米新水，每 667 米^2 使用 150 千克生石灰或 25～50 千克漂白粉化水彻底消毒，消毒后如果发现有青蛙、蟾蜍等没有被杀死，要组织人员进行人工捕杀。

(二) 水草栽种

蟹苗下塘时必须有一定水草覆盖率，供蟹苗栖息。为保证一定的水草覆盖率，消毒后，放苗前 1 个月就要栽种水草，蟹苗下塘时要有一定的覆盖率，才能满足蟹苗栖息要求。水草以飘浮性的水花生为主，沉水性水草为辅，水花生占水草的 70%～80%，沉水性水草占 20%～30%，沉水性水草以伊乐藻为主，伊乐藻栽种在沟中，水花生栽种在坂田上。先将水加至坂田上 15～20 厘米，在坂田上栽种水花生，3 天后慢慢将水位降低，2 天内降至沟中留有 30～40 厘米，在沟中栽种伊乐藻。

(三) 施肥培水

蟹苗放养前，应对幼蟹培育池进行施肥培水，为蟹苗培育适口的生物饵料。具体操作为：在放苗前 7～10 天，用 80 目[①]筛绢网过滤进水 10 厘米，以防敌害生物进入。加水后即可进行施肥培水，如果是老塘口，塘底较肥，每 667 米^2 施用 2.0～2.5 千克复合肥或 15～20 千克生物肥料和水全池泼洒。如是新开挖塘口，则每 667 米^2 另加尿素 0.5 千克，或每 667 米^2 施经腐熟发酵后的有机肥（牛粪、猪粪、鸡粪等）150～250 千克。放苗前 3～5 天，用 80 目

---

① 筛网有多种形式、多种材料和多种形状的网眼。网目是正方形网眼筛网规格的度量，一般是每 2.54 厘米中有多少个网眼，名称有目（英）、号（美）等，且各国标准也不一，为非法定计量单位。孔径大小与网材有关，不同材料筛网，相同目数网眼孔径大小有差别。

筛绢网过滤加注新水，使培育池水深达 30～40 厘米，透明度控制在 20～25 厘米。如果肥度不够，放苗前 3 天可每 667 米^2 增施生物肥料 2.5～5.0 千克。施肥后，安装增氧机的塘口，应开启增氧机，提高水体溶解氧，加快有机物分解。

三、苗种选择与运输

(一) 蟹苗选择

大眼幼体（俗称蟹苗）质量是影响蟹种培育成活率的关键因素，选购优质大眼幼体，首先种质要纯正、优良，为长江水系的中华绒螯蟹，最好是经过选育的良种，如"长江 1 号"河蟹、"长江 2 号"河蟹；亲本个体要大，作为亲本的公蟹，个体重量应在 175 克以上，母蟹在 125 克以上。其次，苗种质量要严格把关，质量掌握上，总的来讲应做到"四看"。一看蟹苗个体大小及均匀度，大小均匀、个体规格在 14 万～16 万只/千克为上等苗，小于此规格的苗为差苗；二看蟹苗体色是否一致，体色一致呈姜黄色，体表干净且有光泽者为上等苗（彩图 2），颜色不一致或体色透明发白、发黑者为差苗；三看蟹苗活动能力，用手抓取一把轻捏后放开，能迅速散开者为佳，散开慢者为差；四看淡化程度，工厂化繁育的蟹苗 6～7 日龄出池，土池培育的蟹苗在 8～9 天后出池，盐度淡化到 2 以内。蟹苗抓到手中有轻微刺手的感觉为佳，如抓到手中发软，说明日龄过长，不能拿。同时，还要注意蟹苗池温度与自己培育池水温之差应控制在 3℃以内。

(二) 选购蟹苗要点

在选购蟹苗时，以下 8 种苗不能购买。

(1) **低日龄苗**　苗种淡化时间短，变态为大眼幼体仅为 4～5 天，淡化不到位，苗体发软，活力不够，抗劣性差，运输、下塘成活率低。

(2) **海水苗**　淡化不到位，育苗池盐度在 3 以上，苗体发黑，直接进入淡水，成活率低。

（3）**花色苗**　蟹苗的颜色五花八门，有黑色、白色、花白色等，个体大小不一，此种苗要么是育苗过程中不顺利，要么是将多个育苗池的剩余苗并池，成活率低，不能拿。

（4）**药害苗**　如发现育苗池蟹苗数量少而不整齐，说明培育过程中可能发生过病害，这种苗成活率低，不能拿。

（5）**高温苗**　有些育苗单位为了降低生产成本、缩短育苗周期，人为提高育苗水温（25℃以上），这种苗适应性差。目前生产中绝大部分采用天然育苗方法，"高温苗"基本没有。

（6）**老苗**　大眼幼体淡化时间超过 10 天，池中已出现批量幼蟹，这种蟹苗运输成活率低，特别是路途较远的养殖户更是不能拿。

（7）**白头苗**　在蟹苗的头部有一个"米粒"状的东西，俗称"白头"，这种苗疑似有病毒性病害，成活率低，不能拿。

（8）**病苗**　苗体不干净，镜检体表无聚缩虫或丝状细菌等，或发现大眼幼体有挂便、空胃等现象，不能拿；如发现培育池中有死苗，不能拿。

（三）蟹苗运输

蟹苗一般采用干法运输，用一种特制的木制蟹苗箱（彩图 3），长 40～60 厘米、宽 30～40 厘米、高 8.0～12 厘米、箱框四周各留一窗孔，用以通风。箱框和底部都有网纱，防止蟹苗逃逸，装运时 5～10 个箱为一叠，每箱可装 0.5～1.0 千克蟹苗。

保持箱体一定的湿度是运输成功的一个技术措施，因此，蟹苗装运前必须先泡箱，即提前将运苗箱在干净的水中浸泡 6～12 小时，装苗前 1～2 小时取出苗箱并将水沥干。蟹苗称重前应将水分基本沥干，同时将残饵、杂物清除干净，以防运输过程中打团、缺氧，造成蟹苗死亡。可在苗箱中放入少量干净的水草（水草覆盖面积约占蟹苗箱底部面积的 1/3，路途近的可不用），然后用手轻轻将蟹苗均匀撒在箱中。运输途中，避免阳光直晒或风直吹，以防蟹苗鳃部水分蒸发而死亡。运输时间应控制在 8 小时以内，运输工具以带空调的面包车为宜,夜间起运,计算好路程,确定起运时间,以 07:00—08:00 到达培育地点最佳。如运输时间较长(超过 3 小时),运输途中每隔 2～3 小时,可用喷壶向蟹苗箱上或空气中泼洒少量水分,不要向蟹苗直接泼洒,保持运输环境中具有一定的湿度。

四、蟹苗放养

(一)放养时间

蟹苗放养时间以 5 月中下旬为宜,不宜太早或太迟,太早容易造成成熟蟹比例高,太迟容易造成蟹种规格偏小。购苗前要密切关注天气预报,确保放苗后 3～5 天,天气晴好,方可购买蟹苗。晴好的天气可以保证适宜的水温和良好的水质,利于蟹苗顺利变态。应尽可能避免冷空气侵袭或长期阴雨的天气条件下放苗。同时必须安排好蟹苗装运的时间,以夜间运输、早晨放苗为原则,确保蟹苗放养时间在晴天的早晨,这样可以有效地提高运输和放养成活率。

(二)放养量和放养方法

1. 蟹苗放养

蟹苗放养量为每 667 米^{2}1.0～2.0 千克。放苗前 2 小时,全池泼洒维生素 C、多糖溶液或抗应激反应的制剂,以减缓蟹苗的应激反应。有增氧机的培育池,应在放苗前 24 小时开启增氧机,保证蟹苗下塘时培育池溶解氧充足。放苗方法为:放苗时,先将蟹苗箱放置池塘埂上,用培育池水淋洒 2～3 次,让蟹苗适应水温和吸足水分,然后将箱倾斜地放入塘内沟中,用手由苗箱后面向苗箱底方向轻轻地划水,帮助蟹苗慢慢地自动散开游走,切忌一倒了之。上风口放苗,动作要快、人手要多,千万不要将蟹苗长时间暴露在太阳下或风口。

2. 其他苗种的放养

6 月,幼蟹进入Ⅲ期以后,可每 667 米^2 放养鲢、鳙夏花 500

尾，以鲢为主，也可以不放。

五、日常管理

（一）饲料的选择与投喂

幼蟹培育饲料可分为两个不同的阶段，仔蟹培育阶段和规格幼蟹培育阶段。两个阶段的饲料组成及投喂各不相同，现分别介绍。

1. 仔蟹培育阶段投喂管理（大眼幼体至Ⅵ期幼蟹）

蟹苗下池后至Ⅱ期仔蟹，以池中的浮游生物为饵料，若池中天然饵料不足，就要增补人工饲料。Ⅱ期仔蟹可投喂蛋白质含量38％～42％的蟹种专用破碎料；Ⅱ～Ⅲ期日投饵量约15％，每天投喂4～5次；Ⅲ～Ⅵ期日投喂量为蟹体重的10％，每天投喂3次。

2. 规格幼蟹培育阶段投喂管理

Ⅵ期后（规格达到1 000～1 200只/千克时），进入规格幼蟹培育阶段，改投喂蛋白质含量28％～30％的颗粒饲料，正常天气日投喂量为蟹种体重的3.0％～5.0％，每天投喂1～2次，投饵方法为全池均匀泼洒，以池边为主。越冬前（10月上旬后）改投蛋白质含量38％～40％的颗粒饲料或冰鲜小杂鱼，强化培育，为越冬积累营养。

3. 适时调整饲料

每隔20天左右打样1次，密切关注蟹种长势，根据个体大小及时调整投喂量和饲料营养，防止营养不足、投喂量不足造成蟹种规格偏小，或投喂过量、营养过剩造成性成熟蟹比例过高等现象出现，造成蟹种质量差，经济效益低。8月底、9月初对蟹种进行打样评估，此时蟹种规格应在200～400只/千克范围内，如规格小于400只/千克（小于2.5克/只），应加大投喂投喂量，提高饲料蛋白含量，促进其快速生长，提高蟹种规格；如规格大于200只/千克（大于5克/只），应适当控制投喂量，降低饲料营养，防止早熟蟹产生。

（二）密度控制

大眼幼体培育 15～18 天，经过 3 次蜕壳成为Ⅲ期幼蟹。幼蟹进入Ⅲ期后，适应能力提高，培育成活率相对稳定，为保证合理的密度，这时应估测培育池中幼蟹的密度，以每 667 米^2 6 万～8 万只为宜。正常情况下，Ⅲ期幼蟹到年底养成蟹种成活率可达 60%～70%。如果密度过高（每 667 米^2 高于 8 万只），应及时稀疏出售或分塘，防止密度过大，影响其正常生长，造成培育的蟹种规格偏小，经济价值低、养殖经济效益低。如果密度过低（每 667 米^2 低于 6 万只），应适当补充幼蟹，以防密度过低，造成产量低，成熟蟹比例过高。

（三）水质调控

蟹种培育阶段，水质要求"肥、活、嫩、爽"，具体达到：溶氧量 5 毫克/升以上，pH 7.5～8.5。因此，要采取以下管理方法。

1. 换水与施肥

Ⅰ～Ⅵ期幼蟹，5 天左右加水 1 次，每次加水 3～5 厘米，逐步将水深加至 70～80 厘米，使坂田上有水，此时，幼蟹散入整个培育池养殖。每次换水后每 667 米^2 泼洒生物有机肥 1.0～1.5 千克，调节水质，保持透明度在 25～30 厘米。Ⅵ期仔蟹后，由于饲料投喂量加大，残饵和排泄物增多，此后不需要再施肥肥水。通过换水调节水质，一般 3～5 天换水 1 次，先排后进，每次换水量为池水 1/10。随着气温升高，水位应逐渐加深，7 月以后，保持水位 80～100 厘米，每隔 7 天换水 2 次，换水量 1/10，保持透明度在 35～40 厘米。

2. 水质调控

一是不定期地施用生石灰调节水质。一般 1 个月左右（视水体肥度而定）施用生石灰 1 次，每 667 米^2 用量 5 千克（1 米水深），化水全池泼洒，施用时应避开幼蟹蜕壳期。二是施用光合细菌、

EM 原露等微生态制剂。光合细菌、EM 原露等微生态制剂能转化吸收水体中的氨氮、硫化氢等有害物质，降低水体肥度，从而达到调节水质的目的。水质较肥的塘口或温度较高（7—8 月）时，5～7 天施用 1 次；水质清瘦的塘口，1 个月施用 2 次即可。施用微生态制剂时，不可同时施用漂白粉、生石灰等消毒剂，以免降低效果，两者应相隔 5～7 天。

3. 溶解氧管理

加强溶解氧管理，防止出现缺氧，必须科学使用增氧机。正常天气开机增氧时间：7～9 月 21:00 开机，其他时间 22:00 开机，至翌日日出 1 小时后停机；连续阴雨天气可全天开机；梅雨季节和高温季节（7—9 月），13:00—16:00 期间增加开机 2～3 小时。如果没有安装增氧机的塘口，阴雨天或高温季节应泼洒增氧剂，增加换水次数。

（四）水草养护与管理

待水花生长至覆盖率达到 50％以上时，将栽种的水花生连根拔起或用刀从底部割断，并进行密度调节，在中间设置水花生带，带宽 3～4 米，并用毛竹和细绳将其固定，一般池塘中设置 2 条水花生带，如果池塘面积大，可多设，水草带间距在 1.5 米左右。培育池四边留 1.0～1.5 米通道，不栽种水花生，用于饲料投喂，保证水流畅通。养殖过程中水草覆盖率应保持在 70％～80％，过多、过密要适时清除稀疏，过少要及时补充。如果水花生来源困难，可在培育池中用网围成一块（占池塘面积的 5％～10％），放入浮萍，进行"圈养"，浮萍密度过高时及时捞出，这样既增加了水草覆盖率，也可以防止散放浮萍过度繁殖，易引发覆盖面、密度过大，造成水流不畅。

（五）早熟蟹与懒蟹的预防与控制

幼蟹培育到 8 月中旬后，常见有幼蟹已早熟，早熟蟹经济价值低、摄食量大、性凶猛、常以幼蟹为食，影响扣蟹的产量和养殖经济效益，因此，必须做好早熟蟹的预防与控制。幼蟹密度过稀、规格不整齐、投喂不均、积温高、动物性饵料投喂过多等，是早熟蟹产生的主要原因。

1. 早熟蟹预防与控制措施

（1）**保证幼蟹密度** 为减少幼蟹中早熟蟹的比例，蟹苗下塘后要观察生长发育状况，如果幼蟹培育成活率过低，要及时补充同规格幼蟹，保证每 667 米^2 有 6 万～8 万只 V 期幼蟹。

（2）**科学投喂** 饲料要荤素搭配，防止动物性饵料投喂过多，蟹种营养过剩，产生早熟，建议全程使用颗粒饲料，并根据不同生长阶段投喂蛋白质含量不同的颗粒饲料；科学投喂，投喂要均匀、适量，防止饵料不足，幼蟹互食、相互残杀，降低蟹种培育成活率。

（3）**保持环境良好** 一是要控制好培育池水温，防止积温过高，夏天要保持水深 80 厘米以上，保持水草覆盖率在 70%～80%，可以有效控制水温。二是保持水质良好，科学增氧，定期换水和使用生物制剂，确保水质"肥、活、爽"，保证幼蟹生活在良好的环境中。

（4）**及时捕捞** 成熟蟹凶猛，食量大，9 月中旬用地笼及时将其捕出，可降低饲料成本，促进幼蟹成长。

2. 懒蟹的预防与控制

环境剧变是造成"懒蟹"的主要原因。"懒蟹"规格小，几乎没有经济价值，因此，在蟹种培育过程中，维持稳定、良好的环境，防止"懒蟹"产生，提高大规格优质蟹种的比例，是蟹种培育高产、高效的关键技术之一。

（1）**避免环境骤变** 生产中，换水前后要保持水位稳定，每次换水量为池水的 1/10，避免大排大灌造成水温、水质变化过大。短时间内水位变化过大、水温变化过大是"懒蟹"产生的主要原因，如果遇暴风雨或干旱，应及时排水或加水，保持水位、水温的稳定。

（2）**保持水质良好、溶氧量充足** 防止水花生过密结块，造成水草丛中局部缺氧，造成幼蟹在水花生丛中"穴居"。水花生过密要及时稀疏，同时定期翻动水花生，一个养殖周期需翻动水花生 3～4 次，保持水质良好，科学增氧，定期换水和使用生物制剂，确保水质"肥、活、爽"，保证幼蟹生活在良好的环境中。防止因环境恶化幼蟹产生应激，而回避不良环境产生"穴居"，即形成所谓的"懒蟹"。

(六) 病害防治

幼蟹培育过程中，病害防治工作要突出一个"防"字，主要病害是纤毛虫。需要做好以下工作：一是投放的大眼幼体要健康，不能带病，没有寄生虫。Ⅰ期幼蟹上岸往往是大眼幼体带有纤毛虫等引起。二是提倡全程使用高质量的幼蟹颗粒饲料，尽可能少用或不用玉米、小麦、杂鱼等动植物原料，特别是饲料一定要新鲜、不变质，科学投喂，防止投喂不当，造成水质恶化。三是加强水质调控，定期使用水质改良剂、采取换水等手段调节水质，营造良好的生态环境，保持幼蟹良好的体质。要加强溶解氧管理，科学增氧。到 11 月，池内幼蟹密度高，每 667 米² 都在 150 千克以上，要防止雾天缺氧，冬天要防冰下缺氧；在捕捞销售过程中的操作中，还要防止操作不当造成蟹种缺氧。

(七) 日常管理

坚持每天早晚巡塘，观察幼蟹的摄食、活动、蜕壳及水质变化等情况，检查池埂是否渗漏，防逃设施是否严密，杜绝幼蟹逃逸。严防野杂鱼和敌害生物进入培育池，对进入培育池中的青蛙、蟾蜍、黄鳝、老鼠等要及时清除，笔者曾在幼蟹池中抓获 1 只青蛙，解剖后发现其胃中有 26 只Ⅱ～Ⅲ期的幼蟹。特别是每天早上要留意是否有青蛙、蟾蜍的卵，如果有，要及时清除。及时捞除池中飘浮的脏物，清除池埂杂草，保持塘口整洁，做好塘口档案记录。

(八) 越冬管理

1. 加强营养

冬季水温低，河蟹不吃食，主要靠自身营养维持生命。因此，越冬前一定要加强营养，保证河蟹安全越冬，一般在 9 月底、10 月初开始投喂 20 天左右高质量饲料或新鲜的小杂鱼，以加强蟹种营养，提高蟹种体质，提高越冬成活率和翌年开春第一次蜕壳成活率。如果蟹种营养良好，第一次蜕壳早，蜕壳成活率高。

2. 病害防治

10 月初每 667 米^2 施用硫酸铜 0.2～0.3 千克、硫酸亚铁 0.2～0.3 千克、硫酸锌 0.5～0.7 千克合剂，全池泼洒来预防纤毛虫。

11 月上旬将水位加至 1.0～1.2 米，加水后每 667 米^2 施 100 千克经发酵消毒的有机肥，保持一定肥度，利于水温的稳定。11 月下旬至 12 月初将水花生集中成堆，每 667 米^2 15 堆左右，为幼蟹设置越冬蟹巢。

六、捕捞运输

(一) 捕捞方式

蟹种捕捞要提高捕捞效率，减少损伤，一般采用"一捞、二捕"的综合捕捞法。"一捞"是首先在 11 月底或 12 月初将池中的水花生分段集中，每隔 2～3 米 1 堆，为幼蟹设置越冬蟹巢，同时用于捕捞，春季捕捞时只要将水花生移入网箱内，抖动并捞出水花生，蟹种就会落入网箱内，清除杂质，然后集中装入暂养箱（袋）即可。采用这种方法捕捞 3 次，可将存塘 95％以上的蟹种捕出。"二捕"是捞后选择白天排水，晚上往池内注新水，再用地笼网张捕，反复 2～3 次，池中蟹种基本可捕起。

(二) 暂养和运输

捕起的蟹种要暂养在网袋内（彩图 4），网袋的直径为 60 厘米左右，蟹种暂养的时间不宜过长，尽量不要过夜，最好当日销售，否则会影响蟹种质量，降低养殖成活率。暂养时要注意两个方面的问题：一是挂网袋的水域水质必须清新，箱底不要落泥；二是每只网袋内暂养的蟹种数量不宜过多，一般每只网袋暂养量不超过 10

千克，保持充氧，挂箱时间 2～3 小时为宜。暂养时间过长，蟹种爪尖容易折断，影响养殖成活率。

蟹种经暂养处理后，分规格过秤或过数后装入聚乙烯网袋内扎紧，要保证蟹种不能动弹，过数的蟹种要放在阴凉处，保持一定的湿度。蟹种运输只要做到保湿、保阴凉、扎紧这三点即可，最重要的是尽可能减少幼蟹的脱水时间，运输时间越短越好（彩图 5）。

第二节 池塘成蟹生态养殖技术

一、池塘条件

成蟹养殖池应选择在靠近水源、水量充沛、水质清新、无污染、进排水方便、交通便利的池塘，电力、排灌机械等基础设施配套齐全，每 667 米^2 配置 0.1～0.2 千瓦动力的微孔增氧设施。池塘形状以东西向长、南北向短的长方形为宜。大小不限，6 670 米^2 左右为宜，方便管理，易取得高产，池深 1.5～1.8 米，塘埂坡比 1∶（2.5～3.0）（彩图 6）。池塘底质以黏土最好，黏壤土次之，底部淤泥层不宜超过 10 厘米。塘埂四周应建防逃设施，设施高 60 厘米，设施材料可选用钙塑板、铝板、石棉板、玻璃钢、白铁皮、尼龙薄膜等材料，并以木、竹桩等作防逃设施的支撑物（彩图 7）。蟹池内四周可开挖环形蟹沟，面积 20 010 米^2 以上的池塘还应加挖井字沟，蟹沟宽 2.0～4.0 米（开挖蟹沟条数由养殖面积决定，蟹沟总面积占蟹池总面积的 20%～30%），沟深 0.6～0.8 米。也可以不开沟，但池深需达到 1.8 米以上。

二、放养前准备

（一）清塘消毒

认真做好池塘清塘消毒工作，具体操作方法为：每年成蟹捕捞完毕后，排干蟹池池水，清除过多淤泥，保持池底淤泥表层厚 10

厘米左右，晒塘冻土。至蟹种放养前 30 天，加 10～20 厘米水，用生石灰或漂白粉消毒，用量为每 667 米² 用生石灰 150～200 千克，或每 667 米² 用漂白粉 25～30 千克（图 3-1，彩图 8）。放苗前 7～10 天，加水至 50～60 厘米，当天使用消毒剂消毒，第 2 天使用硫酸锌杀虫，第 3 天使用果酸解毒剂解毒。

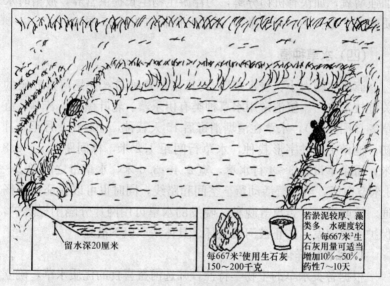

图 3-1　河蟹养殖池塘清塘消毒

（二）增氧设备安装

每 667 米² 按 0.15～0.25 千瓦动力配备微孔增氧设施，安装时间一般安排在晒塘后、进水前。蟹池以安装条形微孔增氧管道为佳，每条微孔管道长度不宜超过 35 米（过长，管道尾部气压不足，会影响增氧效果），管道在安装距池底 10 厘米位置，用钢筋或木桩、竹桩等水平固定在蟹池底部，设置高低相差不能超过 10 厘米，相连的微孔增氧管道之间相隔 10 米，每 667 米² 池塘微孔增氧管道总长度控制在 40～50 米。也可用微孔曝气盘，在池塘中均匀设置，每 667 米² 安装 3～4 个盘，但微孔管总长度不变。

（三）施肥

进水后，放苗前 7～10 天每 667 米² 施 100～150 千克经发酵的有机肥或 10～15 千克生物有机肥，新塘口可适当多施，培育基础饵料，施肥宜选择在晴天进行，施肥前、后 48 小时应开启增氧机，加强增氧，加快有机物分解，为浮游生物生长提供营养，放苗时水质要求"肥、活、爽、嫩"，透明度控制在 30～35 厘米。

（四）水草种植

谚语"蟹大小、看水草"，可见水草栽种与养护是河蟹养殖的关键技术之一。蟹池常用水草种类有伊乐藻、轮叶黑藻、苦草、菹草等（图 3-2），水草在清塘消毒后 15 天栽种，一般在 2 月至 3 月初，池塘中按井字形栽种，水草行间距 1.2 米，株间距 0.5～0.8 米，每条草带栽 3～4 行水草，宽 2.4～3.6 米，水草带之间留 2～3 米空白区，给河蟹活动留下空间和路线，同时也可以保证水流畅通。轮叶黑藻、苦草等晚种、晚发的水草可用网片分隔围栏养护，保护水草萌发，防止被河蟹破坏。具体采取以下措施。

1. 品种多样化

根据各类水草的生物学特性，筛选河蟹喜食的优质水草，确立以伊乐藻为主，搭配种植其他水草〔包括黄丝草（微齿眼子菜）、轮叶黑藻、苦草等〕，其中伊乐藻占 50%，其他水草占 50%。在蟹池中形成稳定的高（适合高温生长的水草）、低（适合低温生长的水草）搭配的多个水草群落，保证蟹池养殖期间水草供应的丰富多样性，水草不断茬。

2. 水草栽种工艺

采取"浅水促草、肥水抑藻"的措施促使水草扎根萌芽，水草栽种后至 4 月底，保持 50～60 厘米的浅水，有助于水温提高，阳光照射充分，利于水草"醒棵"、生长；早期定期施肥，保持 30～35 厘米的透明度，既可有效地控制青苔的滋生，又能保证水草生长的营养。

3. 围网护草

对部分水草（轮叶黑藻、苦草等晚种迟发品种）进行围隔圈养（彩图9），避免被河蟹等夹食影响生长，待水草扎根苗壮后（6—7月）再分批开放。

4. 水草消毒

为防止青苔、敌害生物随水草带入池中，水草栽种前应消毒处理，一般使用 $10\sim20$ 克/米^3 的硫酸铜溶液浸泡 20 分钟。

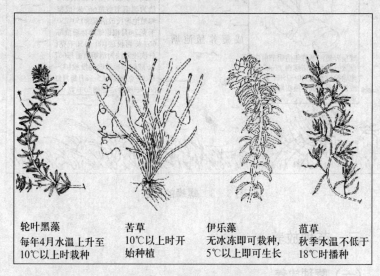

轮叶黑藻	苦草	伊乐藻	菹草
每年4月水温上升至10℃以上时栽种	10℃以上时开始种植	无冰冻即可栽种，5℃以上即可生长	秋季水温不低于18℃时播种

图 3-2　常用水草的种类

（五）螺蛳投放

投放螺蛳（图3-3）是河蟹生态高效养殖重要的技术措施之一，螺蛳既可作为河蟹的活饲料，又有净化蟹塘水质的功能。螺蛳投放方式可采取二次投入法或分次投入法，二次投入法为清明节前每 667 米^2 蟹池投放活螺蛳 $150\sim250$ 千克，7—8月根据螺蛳存塘量每 667 米^2 再投放 $100\sim150$ 千克；分次投入法为清明节前每 667 米^2 成蟹养殖池塘先投放活螺蛳 $100\sim150$ 千克，然后5—8月每月每 667 米^2 投放活螺蛳 50 千克。如果螺蛳来源方便，建议采用分次投入法。投放前最好清洗干净，以防带入敌害生物。

成蟹养殖池塘

成蟹养殖池塘每年清明节前应投放一定量的活螺蛳，每667米²池塘投放量为150~250千克，投放量可根据放养量实际情况酌量增减

螺蛳投放方式可采取二次投入或分次投入法。二次投入法为清明节前每667米²成蟹养殖池塘投放螺蛳150~250千克,7-8月根据螺蛳存塘量每667米²再投放100~150千克;分次投入法为清明节前每667米²成蟹养殖池塘先投放100~150千克，然后从5~8月每月每667米²投放活螺蛳50千克

图3-3 螺蛳的投放

三、苗种放养

(一) 蟹种放养

1. 蟹种质量要求

放养的蟹种要求规格整齐，种质良好，应选择长江水系中华绒螯蟹，蟹种应体质健壮，爬行敏捷，附肢齐全，肢体有力，体态饱满，指节无损伤，蟹体干净有光泽，无寄生虫附着；打开蟹壳，肝胰脏呈鲜黄色，肝小叶条纹清晰，鳃丝干净透明，规格以每千克100~140只为好（彩图10）。

2. 放养时间与数量

放苗时间可根据各地的气温，因地制宜，总体养殖是安排在气温3~6℃为佳，超过10℃或低于1℃放养效果差。在长江中下游放养时间一般以 2 月中下旬为宜，放养密度以每 667 米²700～1 200 只为宜。放养太早，水温与气温温差大，捕捞、运输易引起蟹种的应激反应，下塘成活率低；放养太迟，3 月中旬后水温达到 10 ℃以上，河蟹开始开食、蜕壳，温度上升，即将蜕壳和刚刚蜕壳的蟹种比例高，捕捞、运输易受伤，运输、下塘成活率低。

3. 放养前蟹种处理

蟹种放养前必须先进行吸水处理，吸水处理的具体方法为：将蟹种先放入池中吸水 1～2 分钟，取出放置 5 分钟，反复 2～3 次，再用 10～20 毫克/升的高锰酸钾溶液或 3％～5％的食盐水溶液浸洗消毒 10～20 分钟（彩图 11）；放养前 2 小时，使用葡聚糖、维生素 C 等抗应激反应的制剂全池泼洒，以降低蟹种的应激反应。放养一般采用一次放足，二级放养方法。一次放足，就是放养的蟹种一次性备齐放入池塘中；二级放养则是指对面积较大的养蟹池塘，可在塘内先用网布进行小面积围栏（面积占池塘总面积的 1/4～1/5），将蟹种先放入围栏区进行强化培育，蜕壳 1～2 次后拆除围网，将蟹种放开。

（二）其他苗种放养

2 月中下旬，每 667 米² 放养 150～250 克/尾大规格鳙、鲢种 25 尾（鳙每 667 米² 放养 5 尾、鲢每 667 米² 放养 20 尾）。另外，根据各地资源条件和市场情况，适当搭配青虾、鳜、沙塘鳢、南美白对虾、黄颡鱼等品种，充分利用水体提高养殖经济效益，具体放养数量、放养模式等将在第三节中介绍。

四、日常管理

（一）饲料的选择与投喂

1. 饲料种类

河蟹饲料种类分为植物性饲料、动物性饲料和配合饲料。植物性饲料包括豆饼、花生饼、玉米、小麦、甘薯、土豆，以及各种水草等。动物性饲料可用小杂鱼、螺蛳、河蚌等。配合饲料应按照河蟹不同生长阶段对营养的需要，选择不同蛋白质含量的专用颗粒饲料，质量要求符合 GB 13078 和 SC 1052 的规定。生产实践证明：以投喂优质颗粒饲料为主，适当投喂动物性饲料和植物性饲料进行养殖河蟹，饲料利用率高，蟹池水质易控制，河蟹生长速度快、成活率高、规格大、口味佳，养殖成本低、效益高，所以提倡全程使用优质颗粒饲料养殖河蟹。

2. 投喂原则

投喂的饲料品种遵循"两头精、中间青"原则，前期（3—6月中旬）是恢复体力阶段，蟹种经过一个冬天的"冬眠"，恢复体力，投喂优质颗粒饲料（蛋白质含量 40%～42%）＋小杂鱼（此阶段蜕壳 3 次），这一阶段生产管理的重点是蜕好第一次壳，利用良好的水温和水质，促进河蟹快速生长；中期（6月下旬至8月中旬）水温偏高，水质易败坏，这一阶段生产管理的重点是维持水质稳定，预防病害发生，确保安全度夏，保证养殖成活率，饲料投喂颗粒饲料（蛋白质含量 32%）＋植物性饲料（玉米、豆粕、南瓜等）（此阶段蜕壳 1 次）；后期（8月下旬以后）投喂颗粒饲料（蛋白质含量 38%～40%）＋小杂鱼（此阶段蜕壳 1 次），这一阶段生产管理的重点是催肥促膘，增加体重，提高鲜美度。

3. 投喂量与投喂次数

投喂时机应遵循"早开食、晚停食"原则，只要水温达到 8℃以上、天气晴好，就应该坚持投喂。投喂量根据天气、活动情况和水质状况而定，每天投喂量颗粒饲料为蟹体重的 1.0%～5.0%，动物性饲料为蟹体重的 2.0%～10.0%。具体投喂量遵循"天晴适当多投、水草上浮增多多投、河蟹活动频繁多投；阴雨天少投、发现过夜剩余饵料少投、蜕壳期间少投、水质不好少投"原则。需要提醒的是：蜕壳期应减少饲料投喂量，但应增加动物性饲料，以减少自相残杀。

正常天气每天投喂 1～2 次，一般安排在 07:00—08:00 和 16:00—17:00 各投 1 次，也可下午投喂 1 次，投喂量以 3～4 小时吃完为宜。投喂采用全池泼洒（彩图 12），浅水处适当多投，无草处多投，深水区少投，水草上少投。根据天气、吃食、水质等情况确定投喂频数，一般水温在 8～15 ℃时，2～3 天投喂 1 次；16～19 ℃时，每天投喂 1 次；20～28 ℃时，每天投喂 1～2 次；29～32 ℃以上可少量投喂；水温高于 32 ℃，会有生命危险，应尽量避免出现；低于 8 ℃河蟹基本不吃食，不用投喂。

（二）环境调控

1. 水位与水温调控

河蟹开食水温在 8 ℃左右，蜕壳水温在 12 ℃左右，生长最快的水温范围是 25～28 ℃，超过 32 ℃河蟹吃食量减少，生长受到抑制，34 ℃以上生命将会受到威胁。因此，在养殖过程中，只有做好水位和水温管理，向河蟹适宜生长的水温区间调节，按照"前浅、中深、后稳"的原则及时加高或降低水位，合理调节水温，满足河蟹生长需求，促进河蟹等养殖品种的生长发育。2—6 月气温逐步回升，蟹池水深控制在 0.5～0.8 米，适当的浅水有利于水温的迅速提高，促进河蟹、青虾提早开食、早蜕壳，加快河蟹、青虾摄食速率，促进河蟹快速生长；7—9 月气温较高，通过加深蟹池的水位，维持水位 1.2～1.5 米，最大限度地降低水温，最好能维持池水中下层水温在 30 ℃以内，利于河蟹正常摄食，促进蜕壳，安全"度夏"；9—11 月水位稳定在 1.0～1.2 米，利于水温稳定，为河蟹增重育肥提供稳定的环境。养殖期间如果遇暴雨，应及时排水，控制水位，防止水质、水温突变，引起河蟹等养殖品种的应激反应，抵抗能力下降。

2. 水质管理

（1）前期（2月底至5月上旬）　早春水温低而且变化大，此时应适当施肥，水体透明度控制在 30～35 厘米，主要目的是培育生物饵料、提高水温、控制青苔的发生等。每半个月添水 1 次，每次加水 5～10 厘米，换水时间安排在晴天 12：00—14：00，有利于提高池塘水温，换水后，使用二氧化氯或碘制剂消毒 1 次。消毒后

5～7天使用生物有机肥1次，用量为每667米²1.5～2.5千克，再使用芽孢杆菌等生物制剂1次，用量按说明书使用（彩图13）。

（2）**中期（5月下旬至6月下旬）** 水温上升至20℃以上，达到河蟹最适生长温度，河蟹吃食量加大，池塘残饵和排泄物增加，微生物也迅速加快生长，此阶段透明度应控制在35～40厘米，每7～10天施用生物制剂和底质改良剂调节水质、改善底质，降低水体氨氮、亚硝酸盐、硫化物等有毒、有害物质浓度，每周换水1次，每次10～15厘米，每10天消毒1次，消毒剂可交替使用生石灰和漂白粉。

（3）**高温期间（7月初至9月下旬）** 此阶段温度高、水质变化快，应勤换水，每3～5天注排水1次，采取少量多次、边排边注的方法，每次换水10～15厘米，03:00—06:00换水，达到降低水体温度、改善水质的目的。每3～5天施用生物制剂和底质改良剂1次，主要使用EM菌、光合细菌来调节水质、改善底质，降低水体氨氮、亚硝酸盐、硫化物等有毒、有害物质浓度。

（4）**后期（9月底至12月）** 每7～10天注排水1次，每次换水10厘米，保持水温、水位的稳定，为河蟹增重育肥提供稳定的环境。

3. 溶解氧管理

保持水体高溶解氧是河蟹养殖的关键技术之一。日常管理中应密切注意天气变化，及时开启增氧设施（彩图14），保证蟹池溶解氧充足。一般天气条件下开机增氧时间为22:00开机（7—9月高温期间，晚上开机时间提前1小时为21:00），至翌日太阳出来后停机，13:00—16:00开机1～2小时。连续阴雨天提前并延长开机时间，尤其是梅雨季节。用药、施肥、使用生物制剂等应选择在晴天进行，并提前2小时以上开启增氧机，以保证水体溶解氧充足。

4. 水草管理

伊乐藻是蟹池的当家草，但伊乐藻不耐高温，为保证其安全度夏，在高温来临前（5月中旬前后）要逐步加深水位，并对伊乐藻进行割刈，保留水草底部10～20厘米，既可避免高温季节由于表层水温过高造成水草枯头而死亡，也能促进水草萌发新芽。割刈一般分 3～4 次完成，每次割刈 1/4～1/3 水草，防止环境变化过快对河蟹生长产生不利影响。

覆盖率控制，保持水流和河蟹活动通道。水草覆盖率控制在 50%～55% 能保证水草发挥其最大作用，这个比例不仅能满足河蟹对优质青绿饲料的需要，发挥栖息环境和净化水质的作用，而且也避免了水草过多，造成蟹池溶氧、pH 等因子昼夜变化幅度过大和水体流动性差的问题。因此，在生产管理中采取抽条的方式控制水草总量，特别是在中后期，水草疯长，抽条必须及时到位（彩图15）。如果水草覆盖率不够，要及时补充，可以适当放置水花生，也可以围网放养浮萍。

（三）特殊天气的管理

1. 早春管理

早春气温低、气温变化大（3 月上旬至 4 月上旬），养殖管理的重点是提高和稳定水温，争取河蟹、青虾等养殖品种早开食，早蜕壳，为养大蟹争取生长时间；稳定水环境，避免应激反应，提高第 1 次蜕壳的成活率，主要措施包括：①维持适宜水位（50～60厘米），适当降低水位有利于提高水温，但不宜太低，水位太低，水温变化幅度大，青苔易滋生；水位太高，水温难以提升。②保持一定的肥度，透明度控制在 30～35 厘米；半个月添加 1 次水，换水时间应选择在 12:00—14:00，适量排出下层低温水。③稳定水温，防止因"倒春寒"引起水温骤变，密切关注天气预报，如果遇寒潮，应提前 3～4 天逐步将水位调整到 70～80 厘米（每次添加 5厘米），并适度施肥，降低透明度，提高池塘保温能力，防止由于寒潮造成池水温度骤降，引起河蟹产生应激反应，影响第 1 次蜕壳的成功率。

2. 梅雨季节管理

每年 6—7 月江南地区进入梅雨期，梅雨季节光照条件差，光合作用弱，水中溶解氧低、pH 下降，同时雨水将大量的泥沙带进池塘，造成水位上升、透明度下降、水温下降，易引发藻类大量死亡。同时，由于溶解氧下降，水中有机物氧化分解受阻，厌氧分解导致水中的氨氮、亚硝酸盐等有害物质增加，水质恶化，河蟹易产生应激反应，造成病害发生。在这一阶段河蟹养殖管理的重点是维持水质稳定，降低河蟹应激反应，控制病害发生。主要采取以下技术措施：①密切关注天气预报，雨前2～3天，使用微生态制剂，施肥培育水质（稳定性），增加水体肥度，提高水质的稳定性。②增氧，如果配有增氧机，池塘必须全面开启，并连续开机，没有增氧机需要投放增氧剂。③减、停食，阴雨天开始时减半投喂，连续阴雨停止投喂；到天气转晴后，逐步增加饲料，天转晴3天后正常投喂。④降低并稳定水位，降低水位至60～70厘米，保持水位稳定，及时将雨水排出，防止因暴雨引起水位暴涨，透明度下降，造成水草死亡。⑤调节pH，阴雨天由于光合作用减弱、雨水呈酸性等原因，使池水pH下降，应使用生石灰调控pH，用量每667米²2.5～5.0千克，化水全池泼洒。⑥减缓应激反应，每667米²使用500克葡萄糖加300克维生素C化水后全池泼洒（或使用应激宁等抗应激反应的制品，用量按说明书使用），减缓应激反应。通过以上措施可以有效地降低应激反应，控制病害的发生。

3. 高温季节管理

7—9月高温季节，光照强度大，温度高，蟹池中pH总体偏高且日变化大，有机物分解快、耗氧量大，水质变化快，管理难度大。这一阶段主要围绕降低水温、pH来调控水质，主要采取以下技术措施：①加深水位，使蟹池深水区达到1.2～1.5米。②加强换水，每周换水2～3次，每次换水10～15厘米，换水时间选择03:00—06:00（此时是1天内唯一表层水温低于底层水温的时段），换掉部分底层高温、低氧的水，换进表层相对低温高氧的水，改善水质和调节水温；如果水草覆盖率低（低于50%），可在池塘中设置5%左右网围区，在网围区投放浮萍，适当增加水草覆盖率，降低水温。③定期使用果酸、EM菌生物制剂调控pH。需要特别提醒的是，高温期间连续晴天不可以使用生石灰。④科学投喂，降低饲料的蛋白质含量，改用蛋白质含量 32％的颗粒饲料，可适当投喂玉米、南瓜等植物性饲料，坚持"八成饱"投喂法，不过量投喂，不使用鲜活饵料。

4. 蜕壳期管理

成蟹养殖期间一般蜕壳 4～5 次。每次蜕壳体重增加 40％～120％，每次蜕壳对河蟹来讲也是生命攸关的事，蜕壳不遂就会死亡，因此蜕好壳、多蜕壳是河蟹养殖取得大规格、高产量的关键。

①蜕壳期间河蟹吃食量降低，应减少颗粒饲料的投喂量，增加投喂新鲜的动物性饵料，可以减少残杀。②保持水位稳定，蜕壳期间不要加、换水。③严禁使用化学药物。④加强溶解氧管理，保证蟹池高溶解氧。

5. 养殖期间常见问题解决方案

（1）水体混浊　一天的某一时段或短期的混浊对生产影响不大，晴好天气偶尔通过减少饲料的投喂引起池底第二天上午混浊半天，还可改善底质，有利无害。但长期混浊，水草生长发芽没有光照就易倒伏死亡，影响水草布局；其次混浊水体溶氧量低，河蟹生长慢，虽然有的塘口不死蟹，但因缺乏水草，到收获时河蟹规格偏小，效益低下。蟹池水体混浊的常见原因：①由于投喂量不足，河蟹寻食活动引起，可通过增加投喂量或投放螺蛳来解决；②蟹体附着纤毛虫类寄生虫，引发河蟹烦躁不安，四处爬动甚至上岸，引起混浊，通过泼洒硫酸锌等药物解决；③浮游动物、桡足类动物偏多，要先用阿维菌素等药物杀虫，再肥水可解决。④野杂鱼过多，用地笼张捕或投放 10 尾左右 5 厘米的鳜鱼苗种。

（2）青苔、蓝藻暴发　青苔的种类较多，少量的青苔对河蟹生长无碍，等青苔老化后捞除，注意底改，以免死亡后污染水体。但是大量青苔暴发对水草特别是轮叶黑藻的生长发芽是毁灭性的，广大养殖户深受其害，有时越捞其繁殖越快，用药防控也是暂时性的，10 天以后又卷土重来。遇到青苔厚盖塘底影响水草生长时，要采取果断措施，突击清除，突击补栽水草，以免影响水草布局。

有一种预防方法可推荐给大家。先是环沟内通过肥水加深水色来控制，再是板田上水要迅速，突击加深田面水深到 40 厘米，突击施肥，施用有机肥后，泼洒芽孢杆菌，促进有机大分子快速降解为营养物质，促进藻类生长。

蓝藻暴发的塘口一般有机质较多，底泥较肥沃或水草腐烂、水质变化，遇上高温，3～5 天遍布全池，不及时防控会越来越多，恶化水质。可采用"化学生物综合法"防控蓝藻，在蓝藻出现的初期，使用前，先用适量（正常消毒剂量 1/2）二氧化氯等消毒剂对水体消毒，破坏蓝藻活力，再施用光合细菌加腐殖酸钠防治，利用光合细菌与蓝藻争夺营养，腐殖酸钠遮光抑藻，则微生态制剂使用效果更佳。通过消毒，杀藻杀菌，破坏原有的生态系统，此时投放有益微生态，有利于形成优势菌群。需要提醒的是：消毒后要加强增氧，防止浮游生物、蓝藻死亡引起蟹池缺氧。

五、规范养殖操作

(一) 换水管理

控制每次的换水量，避免大排大灌造成环境巨变，河蟹产生应激反应，每次换水量为池水的 1/10，采用边排边进的方法换水，宜小排小进，进水时必须采用双层 80 目筛绢网过滤，以防敌害生物进入。蜕壳期不换水。

(二) 投入品管理

1. 用药注意事项

使用药物防病治病方面，应根据不同的环境条件下（如高温或 pH 高、低等），科学合理地用药，用药前要关注药品的成分、含量、质量、使用剂量和方法及相关生产的厂家，把握好剂量。坚持"防重于治"的原则。在用药时机上遵循"四不用"，即"蜕壳期间不用、水质不好不用、天气不佳不用、吃食不正常不用"的原则，坚持以规范生产管理，调控水质，防止应激反应、提高养殖品种免疫力作为防病的根本。

2. 生物制剂使用注意事项

根据不同水质状况选择不同的生物制剂，使用时要注意天气情况、使用方法、用量等，要了解生物制剂是好氧菌还是厌氧菌，如是好氧菌特别要注意蟹池溶解氧情况，要在天气晴好、水质状况良好的状况下使用，用后必须加强增氧，千万不要在阴雨天或水质状况不佳等池塘溶解氧低下时使用，防止由于缺氧引起不必要的损失。

六、病害防治

遵循"预防为主、防治结合"的原则，坚持生态调节与科学用药相结合，预防和控制病害的发生（彩图 16），全年着重抓住"防、控、保"三个阶段：4 月底至 5 月初，采用硫酸锌或甲壳爽等杀纤毛虫 1 次，相隔 1～2 天后，用生石灰对水体进行杀菌消毒；6—7 月，每半个月交替使用生石灰和漂白粉消毒；8 月中旬使用碘制剂对水体进行杀菌消毒；9 月中旬，采用硫酸锌杀纤毛虫 1 次；高温季节，加强药饵投喂，每个月坚持投喂添加 1% 中草药的药饵饲料 7～10 天，防止肠炎等疾病发生，增强河蟹体质，提高机体免疫力。

七、捕捞收获

捕捞时间建议在 10—12 月，各地可根据当地消费习惯和市场行情等情况略有调整。捕捞工具为地笼（彩图 17），捕捞方法主要为地笼张捕，如上市量不大可晚上徒手捕捉。地笼放置时间（笼尾扎紧时间）应根据天气和捕捞量适当调整，建议时间 6～8 小时，捕捞旺季应关注地笼里河蟹数量，如数量过多，应及时将河蟹取出，以免数量过多造成缺氧死亡。如一个地笼每天捕捞量少于 1 千克时，说明塘中河蟹数量不多，可考虑干塘捕捉。

八、商品蟹暂养

捕捞后的河蟹应放在水质清新的大塘中设置的上有盖网的防逃设施网箱内，须经2天以上的网箱暂养（彩图18），经吐泥滤脏后可上市销售。暂养区可用潜水泵抽水循环，或使用水车式增氧机，以加速水的流动，增加溶氧。暂养后的成蟹分规格，分雌、雄，分袋包装、销售。

第三节　湖泊网围成蟹养殖技术

网围河蟹养殖应坚持"稀、大、高"的模式，即在不影响湖泊生态环境的情况下，在围网区域内少量放养河蟹（稀放），套养鲢、鳙、鳜，生产大规格高品质河蟹，实行生态效益、经济效益双丰收。

一、网围选址及建造

（一）网围养殖区的环境条件

网围养殖区应远离航运要道、风浪平缓、环境安静、水质良好无污染，常年水深保持在1.0～2.0米的区域。网围养殖区底质应选择底部平坦的区域，尤以含沙量低的黏壤土为好，淤泥层不宜超过15厘米。网围养殖区的水草与底栖生物应比较丰富，水草以沉水植物（苦草、轮叶黑藻、菹草和黄丝草等水草）为主，底栖生物应以螺蛳为主（彩图19）。湖泊网围养殖区的选址与建设，应经该湖泊渔业、水利、交通等管理部门的同意。

为保护湖泊生态环境，围网养殖一是要规模控制，围网面积应不高于湖泊总面积的5%。二是要放养密度控制，优化放养结构，控制投入品的投入，不追求高产，每667米² 总产量控制在150千克以内，以滤食性水产品为主，不投入或少投入人工饲料，注重经济效益与生态效益并举，生态效益优先的原则，最终达到"以渔养水、以渔治水"的目的。

（二）网围设施建设

1. 建设材料

建造网围的材料因当地的材料来源及经济基础而有所不同。但总体上来看，建造网围所需的材料主要有：3×3 聚乙烯网线制成的网片，网目 2～3 厘米；竹片；1.5～2 毫米的聚乙烯单丝织成的网布；硬质塑料布、毛竹或树桩、小石头、铅丝、20×3 聚乙烯绳、钢丝等。网围建造的形状，可根据湖泊水域地形自行决定。如果是规模化连片宜采用矩形，建议每个网围养殖面积以 13 340～33 350 米² 为宜。如有条件，可在网围养殖区的外围或适当位置，搭建简易生产、生活棚，也可使用船只。

2. 网围安装

根据网围建造用料不同，网围建造主要有聚乙烯网围和竹箔网围两种形式，但无论何种网围形式，均应注意网围高度的设置，围网高度必须高于湖泊等水体常年水位 1.5 米以上。如果当地湖泊水位变化较大，可适当加高网围的高度。此外，为防止洪水及高水位影响网围，还应该备有足够的应急备料。

聚乙烯网围的建造方法为：先按设计网围面积，用毛竹或木桩全部插入泥中，桩距 2～3 米（如当地风浪较大，可适当缩小网围桩距），显出围址与围形。然后将聚乙烯网片装上两道纲绳，下纲装配成直径为 15 厘米左右的石笼。沿着竹桩将装配好的网片依序放入湖中，下纲采用地锚插入泥中，底纲石笼应踩入底泥，深度不应小于 20 厘米。如当地风浪较大，可适当加大石笼插入泥中的深度。为防止网围养殖河蟹外逃，上纲应缝制 40 厘米高的倒檐防逃网。网围养殖采用双层网围，外层可用 9 号网，内层通常用 10 号网，内外围网间隔 5～20 米。

竹箔网围的建造方法为：用聚乙烯绳作横筋，将宽 0.8～1.2 厘米竹片，编结成竹箔。竹箔网围的竹（木）桩使用同上，将编结好的竹箔固定在桩上。箔块之间搭缝应结牢，箔下端插入泥中 15 厘米以上，上端装置 40 厘米高的硬质塑料布，以作防逃用。

二、放养前准备

(一)围网清野

网围养殖区进行清野除害工作十分重要。网围清野除害工作，应选择蟹种放养前风平浪静的天气，清野除害方法可采用电捕、地笼和网捕除野等方法相结合，力求将敌害生物"消灭干净"。

(二)水草栽种

水草栽种时间宜选每年的1—3月。水草种类以河蟹喜食的伊乐藻、轮叶黑藻等沉水植物为主，同时，也应搭配种植一些黄丝草、聚草等种类。

水草的种植方法，伊乐藻采用茎插法，将30～40厘米草茎15～20株扎成一束用竹子其栽插到湖底5厘米，伊乐藻在苗种放养前栽种。轮叶黑藻栽种一般使用芽孢种植，1—3月是轮叶黑藻芽苞播种期，将芽苞与半湿的泥土混合在一起在沉入湖底。苦草种子曝晒1～2天后，用水浸泡12小时，捞出后搓出果实内种子，与半湿的泥土混合在一起在沉入湖底。轮叶黑藻、苦草"发棵"迟，必须种植在水草护养区，待6月底、7月初水草旺发，形成较大生物量时后再撤去围网，让蟹进入。

(三)螺蛳投放

螺蛳，对于河蟹的生长、养殖水域环境的改善起着至关重要的作用。各地可根据网围内底栖生物量和蟹种放养量等情况，在网围区投放一定量的活螺蛳，一般每667米²网围投放量为300～400千克，投放量可根据各地实际情况酌量增减。螺蛳投放方式，可采取二次性投入法或分次投入法。二次性投入法为清明节前每667米²网围一次性投放活螺蛳200～250千克，8月每667米²补放100～150千克；分次投入法为清明节前每667米²先投放100～150千克，然后5—8月每月每667米²投放活螺蛳50千克。如螺蛳来源方便，建议采用多次投放。

三、苗种放养

（一）蟹种放养

网围养殖所用的蟹种，应选择规格整齐，爬行敏捷，附肢齐全，指节无损伤，无寄生虫附着，性腺未成熟蟹种。规格为 100～160 只/千克，放养密度为每 667 米² 300～500 只。蟹种放养前，先进行吸水"缓苗"（方法同"池塘生态养殖技术"中的苗种放养），再用 3%～4% 食盐水溶液浸洗消毒 5～10 分钟后方可放养，放养时间为每年的 2 月中旬至 3 月初。为保护网围养殖区人工种植的水草，可在大网围区采用密眼网布圈围一面积为总面积 10%～20% 的"暂养区"，先将蟹种放入蟹种"暂养区"进行强化培育，待蜕壳 1～2 次后再放入大网围。大网围也可用网片分隔成 3～5 块，根据河蟹的生长逐步利用水草，每隔 1 个月左右的时间逐渐拆除一块网片，直至全部拆除为止。

（二）其他苗种放养

为充分利用水体和调节水质，每 667 米² 搭配放养规格为 150～250 克/尾的鳙 30～50 尾，鲢放养比例为 2∶1，放养应在 3 月上旬前结束。5—6 月每 667 米² 放养 5 厘米以上的鳜苗种 10～15 尾。鱼种要求规格整齐，体质健壮，鳞鳍完整，无寄生虫。鱼种放养前要经 3%～5% 的食盐水溶液浸泡消毒 10～20 分钟。

四、饲料与管理

（一）饲料投喂技术

河蟹饲料主要有三类，即配合饲料、植物性饲料和动物性饲料。三类饲料中以颗粒饲料为主，其他饲料为辅。

网围养殖河蟹的饲料投喂总体原则为"二头精、中间青"，具体做法为：6月中旬前，以高质量颗粒饲料（蛋白质含量40%～42%）和新鲜的小杂鱼为主，保证河蟹蜕好第一次壳，促进河蟹快速生长；6月下旬至8月中旬，水温升高，以蛋白质含量28%～32%的颗粒饲料为主，辅以适量的玉米、小麦等植物性饲料；8月下旬至10月中旬，以高质量颗粒饲料（蛋白质含量38%～40%）和新鲜的小杂鱼为主。投喂量以蟹重的3%～6%为宜，每天16:00—18:00投喂1次，全围网均匀泼洒投喂。特别注意的是，动物性饲料应保持新鲜，腐败变质饲料不能用，投喂前按河蟹规格、气温、水质等情况切成约1天摄食量重量的小块，防止鱼块过大造成浪费。动物性饲料使用前还必须用3%～5%食盐消毒处理20～30分钟后方可投喂。

（二）溶解氧管理

围网养殖的溶解氧管理，关键是保持围网内水流畅通，主要是注意清除污物及腐烂的水草等。平时要注意清扫围网，防止网眼堵塞影响水体交换。另外，由于围网养殖在浅水区进行，有时会出现水草过于旺盛、密集，影响水体交换的现象，此时应注意清除过多的水草，若清除难度较大，可每隔20～30米开设一条宽2米左右的通道，以保证水草交换畅通。

（三）日常管理

网围养殖日常管理工作相当重要，在养殖季节应经常清除网围内的杂物，如烂草、蟹壳等。外层网围也应定期清除杂物，以防堵塞网眼，影响网围内外的水体交换。特别注意的是，在河蟹蜕壳期，应保持养殖环境的相对稳定，减少饲料投喂量，增投新鲜动物性饲料。如果网围内水草不足，可适时增设水草草把，以利河蟹附着蜕壳。

在养殖过程中，每天应进行巡网检查，巡网检查要求仔细认真，可与每天的投喂饲料工作同步进行。每天投喂饲料时巡查网围1周，检查网围的安全。同时，也对养殖河蟹的摄食生长状况进行了观察。

网围的防洪、防逃十分重要，应在两层网围之间及网围外设置地笼，每天检查地笼内是否有河蟹进入，如发现地笼内有蟹，应对水上、水下网围设施情况进行全面检查，发现情况立刻修补网围设施。尤其在汛期和异常天气期间，应密切注意水位上涨情况，检查网围的破损情况，及时修补破损网片或增设防逃网，另外，要及时打捞水草、垃圾等漂浮物，防止漂浮物随着水流将围网推倒。洪水期可在围网区设置若干个 5～10 米^2 大小的水花生块人工"安全岛"，供河蟹洪水期附着，"安全岛"用毛竹和绳固定好，防止随水流漂浮。

(四) 疾病防治

网围养殖是在敞开式水域中进行的，河蟹发病一般较难控制。所以必须坚持以防为主的原则。

1. 把好蟹种质量关

坚决不从蟹病高发区购买蟹种，有条件的最好自己培育蟹种，蟹种投入围网区前应消毒。

2. 做好消毒工作

每隔 15～30 天，选择风平浪静的天气每 667 米^2 用 15 千克生石灰或 1 千克漂白粉化水泼洒消毒。

3. 科学投喂

保证饲料质量，以优质颗粒饲料为主，科学投喂，不过量投喂，不投喂变质饲料，减少因残饵腐败变质对围网水体环境的不利影响；动物性饵料投喂前，在动物性饵料中拌入 3％～5％的食盐，放置 20～30 分钟，再投喂。定期使用药饵投喂，每个月坚持投喂含 1％中草药的药饵 7～10 天，防止肠炎等疾病发生，增强河蟹体质，提高机体免疫力。

五、捕捞与暂养

围网养蟹应比其他方式养蟹提前捕捞，一方面水温低时捕捞难度大，另一方面秋后河蟹更喜逃逸。围网防逃效果毕竟有限，捕捞过晚会增加河蟹逃逸的机会。适宜的开捕时间为9月中下旬，要力争在河蟹生殖洄游季节前将其捕完，然后暂养上市。可采用刺网、撒网、蟹簖（迷魂阵）及地笼等多种方式相结合的方法进行捕捞，尽量捕捞干净。

第四节　稻田成蟹生态养殖技术

稻田养蟹是提高稻田利用率的高效生态种养模式。我国在稻田中实行种养结合，有着悠久的历史。稻田养蟹在基本不影响水稻产量的情况下，可以增收一定数量河蟹，大幅度增加稻田收入，是一种典型的循环农业模式。该模式不仅节约了土地、水资源、肥料，而且稻蟹共生，稻田病虫害、杂草明显减少，基本不用药，水稻质量好，同时水稻有利于河蟹隐蔽、蜕壳和生长，河蟹成活率高、产量稳定，做到了蟹、稻双丰收，稻田生态系统平衡。

一、稻田的选择与田块整理

（一）稻田的选择

稻田养蟹要选择水源充足、排灌通畅、地势平坦、水质无污染、符合渔业水质标准、交通便利和保水力强的田块。稻田面积大小不限，一般以 6 670～13 340 米² 为宜（彩图20）。低洼地、中低产田进行稻田河蟹养殖，增效更加明显。

（二）田间工程

田间工程包括开挖暂养池、蟹沟，加固稻田堤埂和防逃设施。暂养池主要用来暂养蟹种和商品蟹。有条件的可利用田头自然沟、塘代替，面积 100～200 米²，水深 1.5 米左右。环沟一般在稻田的四周距离田埂 1.0～1.5 米开挖，沟宽 1.0～2.0 米，沟底宽 0.5 米、深 0.6 米，可开成"十"或"井"字形，面积大的稻田可多开沟，沟的总面积以占稻田面积的 8%～10% 为宜，如果养殖目标产量较高，可适当提高沟的比例，暂养池必须与环沟相通，亦可在田的一边留 5 米宽的机耕道，便于稻田的机械作用。有进、排水设施，进、排水口对角设置，进、排水管道用筛绢网包好，经常检查并适时更换。堤埂加固夯实，高度不低于田面 50 厘米，顶宽不少于 100 厘米。稻田四周及暂养池需建防逃措施，防逃设备建设同池塘养殖，田间工程应在苗种放养前完成。

二、放养前准备

（一）消毒

田块整理结束，每 667 米² 用生石灰 50～100 千克化水全田泼洒，以灭杀病菌，补充钙质。如果为盐碱地田块，则改用漂白粉消毒，使稻田水中的漂白粉浓度为 20～30 毫克/升。

（二）施肥培水

肥料使用以有机肥和生物肥为主，不用或少用化肥。通常在稻田插秧前 10～15 天进水泡田，进水前每 667 米² 施 130～150 千克腐熟的农家肥和 10 千克过磷酸钙作基肥。进水后整田耙地，将基肥翻压在田泥中，最好分布在离地表面 5～8 厘米。

（三）暂养池种草

暂养池加水后，用生石灰清池消毒。放苗 15 天前，在暂养池中栽种水草，一般栽种伊乐藻，也可以根据不同地区种植一些当地品种，水草利于幼蟹的栖息、隐蔽、生长和蜕壳。暂养池种植水草是提高蟹种成活率的关键措施。

三、苗种放养

蟹种放养规格为 100～140 只/千克，要求大小基本一致，每667 米² 放养蟹种 300～500 只，蟹种先在稻田暂养池和环沟内暂养，蟹种密度为每 667 米² 不超过 3 000 只（按暂养池和环沟面积计算）。放养时要注意均匀分散投放，以避免过于集中，而引起蟹种自相残杀，降低成活率。

暂养期投饵量每天按河蟹体重的 1％～3％投喂，7～10 天换水1 次，换水后用高效低毒的消毒剂消毒水体，或用生物制剂调节水质，预防病害。经过一段时间的强化饲养管理，待秧苗栽插成活后（栽插 10 天左右）再加深田水，让河蟹进入稻田生长。

四、日常管理

（一）饲料投喂

在养殖前期（2 月下旬至 6 月上旬），饵料一般以蛋白质含量在 38％以上的配合饲料为主，适当辅以动物性饵料；养殖中期（6 月中旬至 8 月中旬），饲料以植物性饵料为主，搭配少量颗粒饲料（蛋白质含量 30％左右），适当补充动物性饵料，做到荤素搭配、青精结合；养殖后期（8 月下旬至捕捞）是育肥阶段，多投喂动物性饲料或优质颗粒料（蛋白质含量 38％以上），比例不少于 50％。稻田养蟹要坚持精、青、粗饲料合理搭配。玉米、麦粒、豆粕必须充分浸泡，最好煮熟后投喂；颗粒饲料要求营养全面，水中稳定性需在 4 小时以上。动物性饲料投喂前应根据河蟹吃食量多少将其切成相应大小块状，再经 3％～5％食盐水消毒处理 30 分钟后方可投喂。

河蟹的摄食强度随季节、水温的变化而变化。水温 10～15 ℃时，河蟹活动、摄食量减少，可隔天或数日投喂 1 次。当水温上升到 20～30 ℃，河蟹摄食能力增加，每天投喂 1 次；因为河蟹具有昼伏夜出的特性，故投饵应在傍晚前后。5—7 月上旬一般投喂动物性饵料占蟹体重的 5％～8％；颗粒饲料占蟹体重的 3％～5％，具体投喂量应根据稻田水质好坏、天气、剩饵多少等情况灵活确定。投喂采取全田投喂。

（二）水质管理

养蟹的稻田，由于水位较浅，应始终保持水质清新、溶氧量充足，要坚持勤换水。水位浅时要适时加水，水质过浓时应更换新水。正常情况下保持稻田田面水深在 10～20 厘米深即可，不能任意变化水位或脱水烤田。注意换水时温差不要太大，换水时间早期（3 月至 6 月中旬）在 14∶00—16∶00 换水为宜；高温期间，以 03∶00—06∶00 换水为宜；晚期（9 月后）以 10∶00—11∶00 为宜。4—6 月每周换水 1 次，换水量为 1/10～1/5；7—8 月每周换水 2～3 次，每次换水 1/5；9 月以后每 7 天换 1 次，每次换水 1/10。

（三）病害防治

同池塘养殖。

（四）稻田施肥管理

养蟹的稻田以施有机肥、基肥为主，少用或不用化肥，一般在蟹种放养前 15～20 天加水至田面 3～5 厘米，每 667 米^2 施经发酵的有机肥 150～250 千克和 10 千克过磷酸钙。在施足基肥后，尽可能减少追肥次数和施肥量，如果确实需要追施化肥，应施尿素、不宜施碳酸氢铵，一次每 667 米^2 不宜超过 2.5 千克。

（五）稻田合理用药

稻田用药防治病虫害时，要选用效果好、毒性低、降解快、残留少的高效低毒农药。稻田养蟹不能使用杀虫剂。

为了确保河蟹安全，养蟹田施用各种农药防治虫害时，应先加深田水，稻田水层应保持在 6 厘米以上；病虫害发生季节往往气温较高，一般农药随着气温的升高而加速挥发，也加大了对河蟹的毒性；喷洒时尽量撒在水稻茎叶上，以减少农药落入水中，这样对河蟹更为安全；施药时也要掌握适宜的时间，粉剂宜在早晨稻株带露水时撒，水剂宜在晴天露水干后喷，下雨前不要施药；喷雾时喷雾器喷嘴伸到叶下，由下向上喷。使用毒性较大的农药，可一面喷药、一面换水，或先将田水放干，驱使河蟹进入蟹沟、暂养池内。为防蟹沟、暂养池密度大，导致水质恶化缺氧，应每隔 3～5 天向鱼函内充一次新水，等药力消失后再向稻田里灌注新水，使河蟹游回田中。也可采用分片施药，一天半块田，隔天另半块田，施药后应换水，以降低田间水体农药的浓度。施药一般安排在阴天或晴天的下午，施药前应调试好加水设备，以便河蟹发生异常后能及时换水，用药后要密切注意河蟹的情况，发现异常，立即换水。

（六）水稻晒田

水稻生长中期，为使空气进入土壤，阳光照射田面，增强根系活力，同时为杀菌增温，需进行烤田。通常养蟹的稻田采取"多次、轻烤"的办法，将水位降至田面露出水面即可，每次2～3天，烤田2～3次。烤田时间要短，烤田结束随即将水加至原来的水位。

（七）防逃与除害

防逃设施要求质量可靠，坚固实用，严防被水冲垮、被风刮倒及田埂出现洞穴。雨天要及时将雨水排出，保持稻田水位的稳定，千万不可水漫过田埂，造成防逃设施损害，或河蟹随水逃跑。另外建防逃墙时不要离水稻太近，防止河蟹长大后顺水稻秸秆爬至稻顶部越墙逃走。

放逃设施应及早安装到位，放苗前彻底清田，清除养蟹田内的青蛙、蛇、老鼠等天敌。蟹种投放到稻田后，每天都要进行巡查，发现天敌侵害及时捕杀。进、排水使用80目筛绢网过滤，防止敌害生物进入。

五、捕捞与暂养

通常在水稻收割前1周，开始将稻田内的河蟹起捕出售或暂养。

（一）河蟹起捕

河蟹起捕的方法有三种，第一种是利用河蟹夜晚上田埂、趋光的习性捕捞。第二种是利用地龙网具等工具捕捞。第三种是捕捞后期放干蟹沟中的水，然后再冲新水，用地笼捕捞。这三种方法相结合，河蟹的起捕率可达95％以上。

（二）水稻收割

收割水稻时，为防止收割水稻伤害河蟹，可通过多次进、排水，使河蟹集中到蟹沟、暂养池中，然后再收割水稻。

（三）河蟹暂养管理

为延长河蟹养殖期，有时候等水稻收割后，在暂养沟内仍保持九成满的水位，以满足河蟹对水体条件的要求。适量投饲，做到防逃，再根据市场价格适时起捕。

第五节　河蟹的病害防治

在自然生态条件下，河蟹具有较强的生命力和抗病力。但在人工高密度养殖条件下，如果管理不当，会导致河蟹生存环境条件恶化，病原体大量滋生、蔓延，传染性疾病暴发。因此，在人工养殖条件下，应加强管理，特别是加强养殖生态环境的调控，使河蟹生活在一个较好的环境里，保持环境的稳定，避免应激反应，提高抵抗力，减少病害的发生。

一、蟹病发生的原因

人工高密度精养河蟹条件下，具有其特殊的应变性及其较窄的缓冲性，如果人工生态环境不符合河蟹的生存要求，河蟹的一些生活习性得不到发挥和利用，河蟹病害发生的可能性就会大大增加。

（一）养殖生态环境条件的影响

在自然条件下，由于河蟹种群密度较少，其本身抗病力强，一般患病较少，即使患病也不可能大量传染。而在人工养殖环境中，河蟹种群密度较大，需要大量投喂，残饵和排泄物大量沉积在池底，腐败后会使池水变质发臭，从而导致病原体大量滋生、蔓延，传染性疾病暴发。

水温、溶解氧、pH等环境因子的急剧变化，也会导致河蟹发生应激反应，造成其生理机能失调而生病。如果养殖池塘的水位或水草覆盖率等不当，会造成水温、pH过高或过低，重则危及河蟹的生存，轻则会影响河蟹的食欲，导致体质变差、抗病力降低等。

（二）病原体的侵袭

病原体的存在，会引起河蟹的新陈代谢失调，发生病理变化，扰乱河蟹的生命活动，酿成疾病。造成病原体侵入的原因有多方面，主要表现在：①蟹池消毒不彻底，病菌和寄生虫未被完全杀灭，河蟹感染了病原体而导致发病。②蟹种引入时，未进行检疫和消毒，带进了病原体，导致河蟹发病；或蟹种起捕、暂养、运输过程中操作粗糙，导致蟹体受伤，易遭病菌侵入。③放养密度过大或放养规格大小不整齐，河蟹缺乏足够的活动范围，加剧了河蟹的相互争斗、撕咬，导致蟹体受伤，病菌侵入而发病。④更换池水时，不慎引入含有大量病原体的污染水源。⑤饲料质量问题，使用了变质饲料。动物性饵料使用前未进行消毒处理，或颗粒饲料放置时间过长而变质，导致病菌带入而发病。

（三）饲养管理不善

饲料投喂不科学，随意性大，一是过量投喂，造成大量残饵，导致水质恶化，引起氨氮、亚硝酸盐中毒；二是投喂不清洁饲料或饲料营养不全，造成河蟹病菌感染或营养不良和营养障碍而发病；三是换水、用药、增氧等日常管理不规范，大排大灌、盲目用药、不能及时科学增氧等原因造成水体环境巨变，引起河蟹应激反应，抵抗力下降。

（四）蟹种质量问题

不同水系的蟹种，在养殖实践中表现出的抗逆能力是有差别的，长江水系的河蟹被认为生长性能最佳；而同一水系的河蟹，如果不注重选育，近亲繁殖，也会导致种质退化，子代生长速度、抗病力等生长性状下降。

综上所述，河蟹致病的原因是多方面的，只有把河蟹生活环境、致病菌的情况及河蟹种质等因素综合起来进行分析，有的放矢地采取措施，才能有效地控制疾病的发生，或正确地诊断病症，对症下药，获得理想的治疗效果，最终取得满意的养殖效果。

二、蟹病的预防措施

做好蟹病的预防工作，是提高河蟹养殖成功的重要措施之一。河蟹生活在水中，与陆地动物相比，一旦生病，及时和正确的诊断比较困难，给药困难，治疗效果差。一般来讲，体表的一些寄生虫和细菌引起疾病治疗效果较好。而肠道、肌肉内疾病治疗效果较差。

体表的寄生虫和细菌相对比较好治疗，但大部分病虫害在河蟹体内，需用内服药治疗，但这些内服药只能由河蟹主动吃入才有效。而当病情较为严重，河蟹已失去食欲时，即使有特效药物，也不能达到治疗效果；尚能吃食的病蟹，由于抢食能力差，往往由于没有吃到足够的药量而影响疗效。因此，当发现病害再进行治疗，实际上是"临时抱佛脚"的防治，只能对那些不生病的河蟹进行预防，而那些已经患病的河蟹，因不能摄食药饵而死亡。多年来的生产实践证明，只有贯彻"预防为主，生态防控"的方针，在选用良种的基础上，加强预防措施，注重消灭病原，切断传播途径；强化河蟹养殖生态环境营造，做好水质调控，维持水质的稳定、良好，降低河蟹应激反应；加强饲料营养，提高机体抗病力，才能收到预期的防病效果。

（一）蟹种选择与消毒

优质蟹种是健康养殖的前提与基础，选择经选育的良种亲本（如长江1号河蟹、长江2号河蟹）繁育的大眼幼体培养而成的优质大规格蟹种，规格在100～140只/千克，大小一致，肢体完整、活力好，不带病菌。良种繁育的蟹种生长速度快、抗病力强。做好蟹体消毒可有效杀灭附着在蟹种体表的各种病原体，降低发病率。在蟹苗下池前，要用合适的药物进行消毒处理。常用10％聚维酮碘溶液浸泡，或食盐溶液浸泡。消毒时根据蟹种的大小、体质、温度及所用药物的安全浓度灵活掌握。

（二）生态环境营造

根据河蟹的栖息习性，创造一个适宜河蟹生长的生活环境，保持环境稳定、良好，规范生产管理，降低和避免河蟹应激反应，是做好蟹病预防工作的主要技术措施，具体措施有以下几个方面。

1. 养殖蟹池条件

蟹池构造要合理，坡比为1:（2.5～3.0）；要有一定比例的深水区和浅水区，满足河蟹的栖息习性和对水温的要求。蟹池的水源要方便、水质清新无污染，附近没有污染源，没有或较少含有病原体。每个蟹池都能独立地从进水渠进水，并有独立的排水渠，以免各个河蟹池的水相互串联，引起蟹病蔓延。

2. 营造良好的生态环境

采用生物、物理方法改善生态环境，河蟹的排泄物和残饵腐败分解产生氨，妨碍河蟹的生长发育，它们还是各种致病菌滋生、蔓延的基质和媒介。实践证明，在蟹池栽种一定数量的水草，并搭配少量滤食性鱼类，可大大降低河蟹池内有害物质的浓度，起到净化水质的作用。

3. 加强水质调控

近年来，光合细菌、EM、芽孢杆菌等微生态制剂在河蟹养殖生产中广泛应用，已充分显示出利用有益微生物来处理水质、抑制病原微生物滋生卓有成效，生产中根据水质状况不定期泼洒水质改良剂或底质改良剂，改善水质和底质。

推广应用微孔增氧技术，河蟹营底栖生活，池塘底部状况的好坏对其生长影响极大。微孔增氧技术在池塘底部构建"人工肺叶"增氧网络，蟹池整体溶氧水平上升，尤其是夜间底层溶氧量明显提高，消除了"氧债"，水体自净能力得到加强，物质能量良性循环，水体理化指标保持良好和稳定，微生物生态平衡，有效地抑制了致病菌大量滋生，减少病害因子，提高河蟹了生长速度、成活率和饲料的利用率。

（三）控制杀灭病原

病原的存在是蟹病发生的根本原因。因此，消灭和减少病原是做好蟹病预防工作的主要内容之一，主要措施如下。

1. 加强苗种检疫

从外地引入亲蟹或蟹种时，应严格把关，检验合格后方可引入。首先，要对蟹种生产区疫情了解清楚，不能从疫情严重的地区引种；其次，要严格挑选，把伤、残、病蟹拒之门外，发生病情应立即隔离，防止疾病蔓延。

2. 把好清塘消毒关

清塘消毒是控制环境病原体的基础工作。蟹池经长期的投饵、施肥，积累了大量的残饵和排泄物，底层严重缺氧，大量有机物无法氧化分解，导致病原体的滋生繁衍。因此，利用养殖冬闲期彻底清淤、晒塘、清塘消毒就显得特别重要。清淤是保持池底淤泥厚10厘米左右，清除过多淤泥；晒塘，排干池水，曝晒15天以上至池底出现裂纹；清塘，一般可用生石灰（每 667 米^{2}75 千克）干法清塘或漂白粉每 667 米^{2}25 千克带水 20 厘米清塘。必须强调的是，清塘的生石灰必须是块状品，切不可使用已潮解的消石灰或水解好的熟石灰。漂白粉在应用前要测定一下有效氯的含量，使用剂量必须计算准确，使用时操作者要注意防护，以确保安全。

3. 定期消毒池水

养殖期间,池水随着河蟹的排泄物增多而恶化,硫化氢、亚硝酸盐、氨氮增高,使病原微生物等大量萌发,所以必须做好定期消毒工作。池水消毒目前常用的药物有生石灰、漂白粉、强氯精、碘制剂等。生产中使用漂白粉与生石灰调节水质消毒水体,效果更好。但应注意使用程序,漂白粉泼洒7天后再用生石灰或两者交替使用,比较合理。

4. 饲料保持与消毒

投喂的饲料应新鲜、清洁。颗粒饲料要保存在通风、干燥处,不要靠墙堆放,要避免阳光照射,同时要注意保质期,一般出厂6周内使用完。动物性饲料要求新鲜、不变质,使用前需采用10毫克/升的二氧化氯浸泡消毒10～20分钟,或用3‰～5‰食盐水中浸泡消毒5～10分钟。消毒后的饵料,均应经清水浸洗后投喂。

5. 工具消毒

养蟹管理中的工具因直接和养殖对象接触,往往是河蟹病传播的媒介。因此,发病蟹池所用的工具应与其他蟹池使用的工具分开,避免将病原从一个蟹池带到另一个蟹池。如果工具缺乏,无法分开时,应将发病蟹池的工具用20毫克/升的漂白粉消毒处理后再使用。大型工具可在阳光下曝晒后使用。平时应保持工具清洁,做好定期消毒工作。

(四) 降低应激反应,增强蟹体抗病力

1. 预防与控制河蟹应激反应

天气骤变,生产操作(苗种捕捞、运输、换水等)不当,投入品(药物、微生物制剂、饲料)使用不当等原因造成环境巨变,会引起河蟹的应激反应,长期处于应激状态的河蟹抵抗力下降,病害易发。必须将预防和降低应激反应作为病害防治和水质调控的重点来抓。主要在溶解氧、pH、温度等方面进行有效的管控,特别是异常天气,水质管理尤为重要,防止骤变造成应激反应。

(1) 保持蟹池较高的溶氧,防止低溶氧综合征 蟹池溶解氧高

低，关系到河蟹生长速度、抗病能力、饲料利用率等，溶解氧也是蟹池生态系统物质能量循环的动力，因此，蟹养得好不好与池塘溶解氧有非常大的关系。蟹池中水草和浮游植物是蟹池溶解氧主要生产者和消费者，维持适当的水草覆盖率和透明度是非常重要的。

① 维持适度的植物数量：透明度控制在 30～50 厘米（前期30 厘米，中期 40～50 厘米，后期 40 厘米），水草覆盖率保持在50%～55%；在适度的人工增氧情况下，既可以保持水体较高的溶氧量，又可以防止溶解氧量昼夜变化太大。

② 科学增氧：每天 22：00 至第 2 天天亮后 1 小时，高温季节（7～9 月）21：00 至翌日天亮后 1 小时增氧。阴雨天气连续增氧，确保溶氧量在 5 毫克/升以上。晴天中午增氧 1～2 小时。

③ 科学投喂、合理施肥：确定以颗粒饲料为主的饲料投喂方案。以"八成饱"为标准，禁止过量投喂，尤其温度高时，水质容易变化，因此，饲料宜少荤多素，以投喂 30%左右的颗粒饲料为主，防止因投喂高蛋白饲料引起水质变化。雨前减少投喂、雨中停止投喂、雨后逐步正常投喂。

合理施肥，以施基肥和前期追肥为主，施肥基本原则为"前多后少、前氮后磷、新多老少"，肥料用前要处理（发酵、挥发、消毒、分解），池外处理。追肥要在晴天进行，并做好增氧工作，5月中旬后，一般不需要施肥。

（2）维持适当的 pH，防止酸碱应激 pH 的管理是水质管理中一个非常重要的环节，pH 与分子态氨、硫化氢占比密切关联。pH 管理主要抓住两个环节，一是每年 6—7 月的梅雨期，大量雨水（雨水呈酸性）夹带着泥沙进入池塘，pH 下降、造成水位上升、透明度下降，易引发藻类、水草的大量死亡，因此，要及时排水，保持水位稳定，使用生石灰调控 pH，每 667 米^{2}2.5～5.0 千克，化水全池泼洒。二是，每年 7—8 月高温季节，光照强度大，温度高，蟹池中 pH 总体偏高，且日变化大，可采用少量换水，定期使用果酸类生物制剂调控 pH，或使用正常用量 1/4～1/2 漂白粉等氯制剂调控。需要特别提醒的是：高温期间，连续晴天不可以使用生石灰。以上两个环节如果处理不当，河蟹易产生应激反应，导致病害发生。

（3）强化水温管理，促进正常生长　①高温期管理：加深水位，1.2～1.5米；适度换水，每次换水10～15厘米，每星期换水2～3次，换水时间应选择03：00—06：00（此时表层水温低于底层），排出底层"高温缺氧水"，注入表层"低温高氧水"；保持水草覆盖率在50％～55％，如不足，可在池塘中设置5％网围区，在网围区投放浮萍。②春水温管理：早春气温低、气温变化大，养殖管理的重点：一是提高水温，争取河蟹、青虾早开食，主要措施为：维持适宜水位（50～60厘米）；保持一定的肥度，透明度控制在30～35厘米；换水时间应选择在12：00—14：00，适量排出下层"低温缺氧水"，注入表层"高温高氧水"。二是稳定水温，防止因"倒春寒"引起水温骤变，密切注意天气预报，如遇寒潮，应提前分多次将水位调整到70～80厘米，并适度施肥，降低透明度，增加蟹池保温效果。

三、科学的用药方法

（一）药物选择

目前，河蟹养殖中所使用的渔药及相关制品主要有消毒剂、驱杀虫剂、水质（底质）改良剂、抗菌药、中草药5大类。

1. 消毒剂

消毒剂的原料大部分是一些化学物质，常用的主要包括生石灰，含氯消毒剂（如漂白粉、三氯异氰尿酸、二氧化氯等），含溴消毒剂（如溴氯海因、二溴海因等）和含碘消毒剂（如聚维酮碘、双链季铵盐络合碘）等。其他类型的消毒剂，包括醛类消毒剂（如甲醛、戊二醛等）、酚类消毒剂等也有一定的应用。

消毒剂可杀灭水体中的各种微生物，包括细菌繁殖体、病毒、真菌，以及某些细菌的芽孢，但这种杀灭是没有选择性的，会同时对河蟹产生一定的刺激与伤害；不适当的使用消毒剂，还易导致养殖水体中正常的微生态结构发生紊乱，给水环境造成不利影响，使用过程中应加以避免。

2. 驱杀虫剂

驱杀虫类渔药具有较广的杀虫谱，对寄生于河蟹体表或体内的各类寄生虫均有较好的杀灭效果。这类渔药主要包括有机磷类、拟除虫菊酯类、咪唑类、重金属类及某些氧化剂等，绝大部分的这类药物都是由农药转化而来，多次泼洒极易导致药物污染，特别是对毒性较大的农药来源驱杀虫剂的使用务必慎之又慎。使用后要用果酸、腐殖酸钠等解毒剂解毒。

3. 水质（底质）改良剂

这类制剂在河蟹养殖实践中的使用也较为普遍，除了一些化学物质（如沸石、过氧化钙等），较大部分是一些微生态制剂，应用较多的有乳酸菌、芽孢杆菌、酵母菌、光合细菌、硝化细菌、反硝化细菌及 EM 菌等。

使用中需要注意的是，各类微生态制剂均需在合适的环境条件下才能发挥作用，只有在满足其生理特性需求的水体中才能正常地繁殖与生长，发挥其有限的作用，因此，在微生态制剂的使用中应本着"因地制宜"的原则，选择合适的菌剂，避免盲目泼洒，否则将可能导致这些池塘中固有的微生态群落结构发生改变，甚至引起池塘微生态群落多样性的消失，需加以重视。

另外，需要提醒的是，大部分微生物制剂是好氧菌，下塘后需要消耗氧气，只有在氧气充足的情况下，它才能迅速地增殖，所以使用前一定要搞清楚是厌氧菌还是好氧菌、兼气菌，如果是好氧菌，一定要在晴天使用，否则，不但没有效果，还会起到负作用。

4. 抗菌药

抗菌类渔药是指用来治疗河蟹细菌性传染病的一类药物，它对病原菌具有抑制或杀灭作用。按这类渔药的来源，可以分为天然抗菌素（如土霉素、庆大霉素等），半合成抗菌素（如氨苄西林、利福平等），以及人工合成的抗菌药（如喹诺酮类、磺胺类药物等）。在河蟹养殖过程中，要适时检测并掌握病原菌的耐药状况及其对各种抗菌药物的敏感性，根据药物的种类和特性，决定药物的轮换使用，避免低剂量连续使用某种药物而导致病原菌抗药性的产生。

5. 中草药

中草药是指以防治河蟹疾病或改善河蟹健康状况为目的而使用的经加工或未经加工的药用植物，常用的有大黄、黄柏、黄芩、黄连、乌柏、板蓝根、穿心莲、大蒜、楝树、铁苋菜、水辣蓼、五倍子和菖蒲等。生产中主要将其作为预防疾病的药物，在使用过程中应杜绝一切凭经验的做法，根据其药用机理、毒副作用等合理施用。

（二）给药途径

1. 口服法

口服法用药是疾病防治中一种重要的给药方法。此法常用于河蟹体内病原生物的消除、感染的控制、免疫刺激、体内代谢环境改善等。施用量要适中，避免剩余，同时，每次施用时应考虑到同池其他混养品种。

2. 药浴法

药浴法包括全池遍洒法和浸洗法两种。全池遍洒法是疾病防治中最为常用的方法，主要用于河蟹体表消毒杀菌、杀虫。浸洗法用药量少，可人为控制，主要在运输河蟹苗种或苗种投放之前实施。药物浓度和药浴时间应视水温及河蟹忍受情况而灵活掌握，发现蟹（种、苗）有不适症状，立即放养。

3. 悬挂法

具有用药量少、成本低、操作简便和毒副作用小等优点，常用于预防疾病。为保证用药的效果，用药前应停食1～2天，使其处于饥饿状态，促使其进入药物悬挂区内摄食。常用于鱼类养殖，河蟹养殖不适用。

（三）给药剂量

1. 外用给药量的确定

根据河蟹对某种药物的安全浓度、药物对病原体的致死浓度而确定药物的使用浓度。

准确测量池塘水的体积或确定浸浴水体的体积。水体积的计算方法：水体积（米^3）＝面积（米^2）×平均水深（米）。

计算出用药量。用药量（克）＝需用药物的浓度（克/米^3）×水体积（米^3）。

2. 内服药给药量的确定

用药标准量：指每千克体重所用药物的毫克数（毫克/千克）；

池中河蟹总重量（千克）＝河蟹平均体重（千克）×只数；或按投饵总重量（千克）÷投饵率（％）进行计算；

投饵率（％）：指每 100 千克河蟹体重需要投喂饲料的千克数；

药物添加率：指每 100 千克饲料中所添加药物的毫克数。

结合以上数据，可以从两个方面得到内服药的给药量：

根据河蟹的总体重，给药总量（毫克）＝用药标准量×河蟹总重量；根据每日投饵量，给药总量（毫克）＝〔日投饵量（千克）/100〕×药物添加率。

注：药物的通常用量是指水温 20 ℃时的用量，水温达到 25 ℃以上时，应酌情减少用量，低于 18 ℃时，应适当增加药量。

（四）给药时间

给药时间一般选择在晴天的 9:00—11:00 时或 15:00—17:00时，避免高温时用药。阴雨天、闷热天气、水质不良、虾蟹蜕壳时不得给药。

（五）用药疗程

（1）疗程长短应视病情的轻重、渔药的作用及其在蟹体内的代谢过程而定，对于病情重、持续时间长的疾病一定要有足够的疗程，一个疗程结束后，应视具体的病情决定是否追加疗程，过早停药不仅会导致疾病的治疗不彻底，而且还会使病原体产生抗药性。

（2）内服渔药的疗程一般为 4～6 天，池塘泼洒药物时，如需连续泼洒 2～3 次，一般间隔 1 天施用一次。养殖者应强化渔药使用中的休药期规定意识，遵守渔药休药期的有关规定，避免短时间内将成蟹上市出售。

（六）给药后水处理

一般情况下，使用化学药品，水质均会受到一定的影响，如消毒剂、杀虫剂会杀死水体中部分的浮游生物和细菌，水体的藻相和菌相均会发生变化，容易产生缺氧。所以，用药后要密切关注水质变化、养殖品种的活动状况，加强增氧，使用解毒剂解毒，必要时适当换水、培水，发现问题，立即处置。

四、河蟹常见病害与敌害的防治

我国对河蟹病害的研究起步较晚，与生产需要差距甚远。据初步统计，目前报道的河蟹病害有 20 多种，产生较大危害的病害有 10 种左右。下面介绍几种常见的病害预防与治疗方法。

（一）颤抖病

【别名】抖抖病、环腿病等。

【病因】水草管理不善、水质不良，放养密度过大，规格不整齐，河蟹营养摄取不均衡等塘口，易发此病。

【症状】发病初期，病蟹四肢尚能伸直，以后便肌肉萎缩，步足不能回伸，病蟹站立不稳，翻身困难，口吐泡沫，行动无力，不能爬行，连续颤抖（彩图 21）。病蟹无食欲并停止摄食，不蜕壳，体内积水，3～4 天后即会死亡。

【流行与危害】该病主要危害 2 龄幼蟹和成蟹，发病蟹体重为 3 克以上，100 克以上的蟹发病最高。一般发病率可达 30％以上，死亡率达 80％～100％，蔓延迅速，危害极大。从发病到死亡只需 15～30 天。发病季节为 5—10 月，8—10 月是发病高峰季节。流行水温为 25～35 ℃，沿长江地区，特别是江苏、浙江等省流行严重。

【预防】①每年要彻底清塘，清除过多的淤泥。②营造良好的生态环境，在蟹池中栽种多种水草，维持水草稳定的覆盖率和良好的水质。③在饲料中添加适量免疫多糖、复合多维等生物制剂，增强河蟹体质。④上年发病严重的塘口，可用敌百虫清塘，但用后需要解毒。

【治疗】①用1毫克/升的漂白粉或0.2毫克/升的漂粉精化水全池泼洒，连用2天。7天后，用15毫克/升的生石灰遍洒1次。②在饲料中添加用0.1%的土霉素，连用5天。③每千克蟹用板蓝根10克，土霉素0.1克，吗啉胍0.1克，拌饲料投喂，连用15天。④100千克饲料添加50～100克磺胺甲基异噁唑，连用5～7天。

（二）腐壳病

【别名】甲壳溃疡病、锈病等。

【病因】因感染一类能分解几丁质的细菌（如弧菌、假单胞菌、气单胞菌、螺菌、黄杆菌等）而引起。

【症状】患病病蟹步足尖端破损，成黑色溃疡并腐烂，然后步足各节及背中、胸板出现白色斑点，斑点的中部凹下，形成微红色并逐渐变成黑褐色溃疡斑点，这种黑褐色斑点在腹部较为常见，溃疡处有时成铁锈色或被火烧状（彩图22）。随着病情发展，溃疡斑点扩大，互相连接成形状不规则的大斑，中心部溃疡较深，甲壳被侵袭成洞，可见肌肉或皮膜，导致河蟹死亡，并造成蜕壳未遂的症状。如果溃疡达不到壳下组织，在河蟹蜕皮后就会消失，但可导致其他细菌和真菌的继发性感染，引起其他疾病的发生。

【流行与危害】该病对幼、成蟹均可造成危害，发病率较高，发病率与死亡率一般随水温的升高而增加。由于该病的病原菌多、分布广，故流行范围亦较大，任何养殖水体（包括淡水、咸淡水与海水）均可能发生。如果病蟹腹甲发现有黑褐色斑点，可初步判断为此病。确诊需从溃疡处分离出能分解几丁质的细菌。

【治疗】①用2毫克/升的漂白粉化水全池泼洒，并按每千克饲料添加1～2克的磺胺类药物投喂，连续投喂3～5天为一个疗程。②用2.5～3毫克/升的土霉素化水全池泼洒，每天1次，连续泼洒

5~7天。③按每千克饲料添加0.5~1.0克的土霉素拌饵投喂，连续投喂1~2周。

（三）蟹奴病

【别名】臭虫蟹病

【病因】由一种专门寄生于河蟹腹部（胸板）或附肢上的寄生虫引起，该虫长2~5毫米，厚约1毫米，扁平，圆枣状，绿豆大小，乳白色或半透明。蟹奴寄生于河蟹之后，一部分露在宿主体外，呈囊状，以小柄系于宿主腹部基部的腹面，另一部分呈分支状突起伸入宿主全身各个器官，吸取宿主体内营养，破坏宿主的肝脏、血液、结缔组织和神经系统等，影响生殖腺发育和性激素的分泌，雌雄难辨。

【症状】被蟹奴寄生后，河蟹生长受到抑制，不能再蜕皮。严重时，蟹肉发出恶臭味，成为"臭虫蟹"而不能食用（彩图23）。

【流行与危害】该病主要危害成蟹，虽不会引起河蟹的大量死亡，但严重影响了河蟹的商品规格与商品价值。该病的感染强度是3~4个到20~30个不等，发病季节是7—10月，9月是发病高峰。该病极易在含盐量较高的咸淡水池塘中发生。上海、湖北、安徽、江苏、江西等省市均有发现。尤以沿海滩涂蟹养殖区发病率高。

【预防】①全池泼洒漂白粉溶液1次，用量2~4毫克/升。②全池泼洒敌百虫溶液1次，用量1.0~1.2毫克/升。③全池泼洒生石灰溶液1次，用量15~20毫克/升。

【治疗】①有发病预兆的池塘，应立即更换池水，控制好盐度，或把病蟹移到淡水中，抑制蟹奴的发展与扩散。②用8毫克/升的硫酸铜或20毫克/升的高锰酸钾浸洗病蟹10~20分钟。③全池用0.7毫克/升的硫酸铜和硫酸亚铁（5:2）泼洒。

（四）蜕壳障碍病

【别名】蜕壳困难病、蜕壳不遂病等。

【病因】该病是一种生理性疾病，由于河蟹饲料中缺乏某些矿物质（如钙等）或生态环境不适而致。此外，河蟹受寄生虫感染，也可导致蜕壳困难。

【症状】病蟹头胸甲后缘与腹部交界处出现裂缝，背甲上有明显的棕色斑点，病蟹全身变成黑色，蜕出旧壳困难，最终因蜕壳不下而死亡（彩图24）。

【流行与危害】该病幼蟹、成蟹均危害，有时个体较大的蟹及干旱或离水较长时间的蟹也易患此病。此病发病率较高，较为常见。患病蟹如果治疗不及时，也会引起大量死亡。

【预防】①增加池塘中的钙质，定期泼洒浓度为10～15毫克/升的生石灰和1～2毫克/升的过磷酸钙。②饲料中添加适量蜕壳素及贝壳粉等，并增加动物性饲料的比例。③适时加注新水，保持水质清新，溶氧充足，水位稳定、环境安静，促其蜕壳。

【治疗】①在饲料中添加适量的蜕壳素、贝壳粉、蛋壳粉、鱼粉等含矿物质较多的物质，并适当增加其动物性饲料的比例（一般占总投饵量的1/2以上）。②发现软壳蟹，转入水桶（或其他容器中）暂养1～2小时，待河蟹吸水涨足，能自由爬行时，再放入原池。③用0.7毫克/升的硫酸铜和硫酸亚铁合剂（5∶2）全池泼洒。

（五）烂肢病

【病因】在捕捞、运输、放养或生长过程中被敌害侵袭，使之上表皮损伤后，因病原菌感染所引起。

【症状】病蟹的腹部及附肢腐烂，肛门红肿，活动迟缓，摄食减少直至拒食，最终因无法蜕壳而死亡（彩图25）。

【流行与危害】该病危害幼、成蟹，主要流行季节为6—10月。

【预防】①捕捞、运输、放养过程中小心操作，勿使河蟹受伤，以免被细菌感染。②放养前，将河蟹放在浓度10～15毫克/升的土霉素溶液中浸洗10～15分钟。

【治疗】①用0.5～1毫克/升的土霉素全池泼洒，可控制该病蔓延。②15～20毫克/升的生石灰连续泼洒2～3次，6～7天1次。③每千克河蟹每天投喂拌入10～15毫克氟苯尼考的药饵，治愈为止。

（六）弧菌病

【病因】引起河蟹弧菌病的病原有多种弧菌，包括鳗弧菌、溶藻酸弧菌、副溶血弧菌等。该类菌主要感染血淋巴，其发生的主要原因是放养密度高，饲养过程中河蟹受到机械损伤或敌害侵入，使河蟹体表受损，水质污染，投喂人工饲料过多，导致弧菌继发性感染。

【症状】病蟹腹部和附肢腐烂，体色变浅，白色不透明，发育变态停滞不前。病蟹组织中，特别是鳃组织中，有血细胞和细菌聚集成不透明的白色团块，濒死或刚死的病蟹体内有大量的凝血块。病蟹身体瘦弱，活动能力减弱，行动迟缓，匍匐在池边，多数在水的中、下层缓慢游动，趋光性差，体色变白，摄食减少或不摄食，有时病蟹呈昏迷不醒状。随着病情发展，胸足伸直，失去活动能力，最终聚集在池边浅滩处死亡（彩图26）。

【流行与危害】该病主要危害幼蟹，蚤状幼体甚至大眼幼体。发病率较高，死亡率可达50％以上。如果幼体染病，1～2天内即会死亡，导致"全军覆灭"。该病的主要流行季节为夏季，流行水温25～30℃。

将病蟹的血液淋巴涂片，若发现有弧状、螺旋状或S形的革兰氏阴性短杆菌，且具该病症状的，基本可判定为此病。对于早期患病幼体，通过身体比较透明的地方，在400×显微镜下，可见到细菌在幼体内各组织间的血淋巴活泼游动。确诊需用弧菌多价血清进行凝集试验。

【预防】①彻底清塘，优化放养结构，降低单一养殖密度。②小心操作、避免蟹体受伤。③保持池水清新，以防止因有机质增加而引起的亚硝态氮和氨氮浓度升高。④科学投喂，使用优质颗粒饲料，发病期间应适当减少人工饵料的投喂。⑤育苗池和育苗工具要用漂白粉或其他消毒剂彻底消毒。

【治疗】①全池泼洒土霉素溶液，用量2～3毫克/升，每天1次，连用3～5天。②将土霉素（每千克河蟹使用1～2克）拌在饲料中，制成药物颗粒饲料后投喂，连喂 7 天为一个疗程，根据病情可连喂 1～2 个疗程。

【注意事项】土霉素为限用抗生素。它们在水产品中检出的最高残留量不能超过 100 毫克/千克，休药期至少 30 天以上（下同）。

（七）黑鳃病

【别名】叹气病

【病因】初步认为该病是由细菌引起。成蟹养殖后期，水质恶化，是诱发该病的主要原因。

【症状】患病初期部分鳃丝变暗褐色，随着病情发展，全部变为黑色。病蟹行动迟缓，呼吸困难，出现叹气状。白天爬出水而匍匐不动，俗称"叹气病"，轻者有逃避能力，重者几天或数小时内死亡（彩图 27）。

【流行与危害】该病主要危害成蟹，从幼蟹至成蟹的各个养殖阶段都可能感染，该病多发生在养殖后期，尤以规格大的河蟹易感染和死亡，8～9 月高温季节为发病高峰期，流行快，流行范围广。病蟹出现吸气状，鳃呈黑色者，基本为此病。

【预防】①定期消毒水体。②使用生物制剂、增氧、科学投喂等措施维持环境良好、稳定。

【治疗】①每千克河蟹每天服用拌入 10～15 毫克氟苯尼考的药饵，治愈为止。②生石灰 15～20 毫克/升，泼洒 2 次，每天 1 次。③全池泼洒漂白粉溶液，用量 1 毫克/升，10～15 天 1 次，连用 2 次。④全池泼洒 8%溴氯海因粉溶液，用量 1 毫克/升，10～15 天 1 次，连用 2 次。

（八）水肿病

【病因】引起河蟹水肿病的病因有两种：一种是细菌感染水肿，大多在河蟹生长过程中，腹部受机械性损伤后感染细菌所致；另一种是因毛霉菌病后期腮部感染水肿。细菌性的水肿，发病时间为夏初至中秋，即从小满至秋分前气温较高、河蟹生长旺盛的时期；而毛霉菌病引起的水肿发病时间，一般在秋分以后的天气凉爽期。

【症状】病蟹匍匐池塘边，不摄食，少活动，最后在浅水区陆续死亡。病蟹腹部、腹脐及背壳下方肿大，呈透明状，类似河蟹即将蜕壳状。用手轻轻压其胸甲，会有少量的体液向外冒，打开背壳可见鳃丝肿胀及大量水肿状组织（彩图28）。

【流行与危害】流行季节为夏秋两季，幼蟹至成蟹的各个阶段都可感染该病，主要危害50克以上的河蟹，一旦发病，死亡率较高。

【预防】①幼蟹放养前，要用碘制剂等浸泡消毒，再用"苗康"浸泡，增强蟹苗体质，提高成活率。②河蟹蜕壳时，尽量减少对它的惊扰，以免蟹体受伤。③养殖过程中，定期改底调水，保持良好的底质和水质。

【治疗】①发现有病症的河蟹，连续换水2次，先排后灌，每次换水量1/5～1/4，然后用含氯石灰（漂白粉），一次量，每立方米水体1～2克，全池泼洒，每天1次，连用2天。②发病时，有纤毛虫的，先使用纤虫净、甲壳净等药物杀灭体外寄生虫；第2天用二氧化氯或碘制剂等消毒水体，同时内服恩诺沙星、大蒜素或氟苯尼考加免疫多糖、高稳维生素C等抗菌、抗病毒药物杀死细菌、病毒。③10%氟苯尼考粉，一次量，每千克体重0.20克，拌饲投喂，每天2次，连用5～7天。

(九) 纤毛虫病

【病因】病原主要有聚缩虫、单缩虫、累枝虫、钟形虫、拟单缩虫和杯体虫等，底质腐殖质多且老化的池塘易发该病。该病主要是池塘条件受限，池水过肥，长期不换水，放养密度过大，残饵过多，水中有机质含量偏高，造成养殖池水极度富营养化，致使纤毛虫及丝状藻大量繁殖滋生。

【症状】蟹发病初期，体表长有黄绿色及棕色毛状物，活动迟缓，对外来刺激反应迟钝，手摸体表有滑腻感黏液，用显微镜可观察出原生动物及丝状藻。发病中、晚期，蟹体周身被厚厚的附着物附着，引起鳃丝受损，呼吸困难，继发感染细菌病，导致食欲减退，甚至不摄食，生长发育停滞，体质虚弱难蜕壳，引起河蟹大量死亡（彩图29）。

【流行与危害】主要危害各阶段的蟹苗、幼体和成体，并以河蟹幼期的危害较为严重。一般4—9月发病，5—6月为发病高峰期；流行温度18—35 ℃。病体体表和附肢的甲壳，以及成蟹的鳃上、鳃丝和头胸甲的附肢上，有一层肉眼可见的灰白色或灰黑色绒毛状物附生，同时有大量的其他污物，手摸体表和附肢有滑腻感；感染严重的成蟹，鳃丝上布满了虫体，鳃部变黑（是虫体和污物的颜色）；患病的成蟹或幼体行动缓慢，摄食能力降低乃至停食，生长发育停滞，不能蜕皮，最后窒息死亡。

【预防】①保持水质清新，加强水体流动。②第1、2、4次蜕壳后各使用0.2～0.3毫克/升纤虫清（硫酸锌粉）或甲壳净（复方硫酸锌粒Ⅱ型），0.15～0.3毫克/升，全池泼洒。

【治疗】①0.3～0.5毫克/升硫酸锌全池泼洒1次。严重时，1～2毫克/升，隔3天再用1次，用药后适量换水。②硫酸铜与硫酸亚铁合剂（5∶2）0.7毫克/升，全池泼洒1次。③甲壳宁（三氯异氰尿酸粉）0.2～0.3毫克/升，全池泼洒，每天1次，连用2次。④1‰水产用阿维菌素每667米²每米水深用20毫升，全池均匀泼洒。

（十）青泥苔病

【病因】青泥苔即丝状藻类，它是水绵、双星藻和转板藻的总称。春季随着水温的上升，丝状藻类在池塘浅水处开始萌发，长成一缕缕绿色细丝附着在池底或像网一样悬浮在水中（彩图30）。其发病原因主要是水位过浅、透明度高。

【流行与危害】该病常发生在3—5月。该病发生后，藻类附着于蟹的颊部、额部和步足基关节处及鳃上，当丝状藻与聚缩虫等丛生在一起时，就会在蟹体表面形成一层绿色或黄绿色棉花状的绒毛，导致蟹的活动困难，摄食减少，严重时可堵塞蟹的出水孔，使之窒息死亡。水体造氧功能降低，水质恶化，病害增加。

【预防】①用生石灰彻底清塘。②蟹池进水 10 天后，放养10～13 厘米的细鳞鲴种，每 667 米² 50～100 尾。利用该鱼喜食丝状藻类的习性，将丝状藻类消灭在萌芽状态。③肥水下塘。放水后，立即施用有机肥料肥水，每 667 米² 250～300 千克，使池水透明度保持 30～35 厘米，水位不宜过浅，防止因水体透明度过大而滋生丝状藻类。④多批投螺。螺蛳对水体的净化能力强，为防止水体透明度过高，改以往 2—3 月一次性投放螺蛳为 3—8 月分批投放。20 ℃以上，慎用药物杀灭。

【治疗】20 ℃以下，硫酸铜 0.7 毫克/升、强氯精 0.5 毫克/升，全池泼洒，青苔处多用，隔 3 天再使用一次。用后必须加强增氧，第二天适量换水。20 ℃以上，慎用药物杀灭。

（十一）仔蟹上岸综合征

【病因】综合分析认为，仔蟹上岸可能由六个方面原因引起：一是近年来河蟹近亲繁殖及种群混杂，使河蟹种质退化，抗病害能力下降。二是水环境恶化，蟹池老化，水质偏酸或偏碱。三是仔蟹饲料营养不均衡，缺乏必需的微量元素。四是大眼幼体饲养前后滥用药物，破坏了蟹体内微生物平衡和免疫机能，导致疾病发生。五是仔蟹感染某种细菌或被寄生虫侵袭。六是蟹对养殖水环境急剧变化产生应激反应。

【症状】Ⅰ期仔蟹从水中爬到岸上不肯下水而大量死亡。

【流行与危害】近年来，人工饲养仔蟹时，都不同程度地出现Ⅰ～Ⅱ期仔蟹蜕壳前后的大量死亡。由于仔蟹是从水中爬到岸上不肯下水而死亡的，群众称其为"上岸病"（彩图 31）。

【预防】目前本病的致病原因尚未完全弄清方面看，重点应放在预防上。①把好蟹苗质量关、淡化关；②大眼幼体出池前，杀灭体表的纤毛虫等寄生虫及病菌；③科学投喂，尽量保证营养均衡，不过量投喂，使用高质量颗粒饲料；④加强水质调控，多开增氧机、使用生物制剂调控水质，保持水质良好与稳定，特别要预防亚硝酸盐超标。

（十二）洪水期死蟹症

湖泊"洪水期死蟹症"是指每年 7—8 月洪水期间，湖泊养蟹或湖泊围栏养蟹出现河蟹死亡的现象。

【病因】洪水期间，较长时间的阴雨天气，水位陡涨，水体相对浑浊，由于没有阳光，导致水体底层严重缺氧。底层水草无法进行光合作用而大量腐烂变质；同时，洪水期间正是湖泊或围栏中河蟹蜕壳的高峰期，蜕壳期的河蟹对溶氧要求更大一些。因为，此间死亡最多的是正在蜕壳河蟹或蜕壳后的软壳蟹（彩图 32）。需要指出的是，围栏养殖中死蟹之前，会出现河蟹爬上围栏网的现象，这是河蟹为回避底层缺氧的本能。此外，地势较高的小型湖泊或其中的围栏，由于湖水下降较快，死蟹情况要好一些。

【流行与危害】长江中下游湖泊洪水期死蟹通常发生在 7—8 月洪水期间，当湖泊水位上涨达 1.5 米，甚至 2 米以上后的 1 周左右，河蟹开始死亡，并且死亡数量较大。那些进入地笼、迷魂阵、蟹笼中的河蟹全部死亡。此时，底部有水草的湖泊或围栏发生死蟹，底部没有水草的湖泊或围栏也发生死蟹。

【防治措施】①在围栏养蟹中设置"救生岛"，具体就是将水花生等漂浮水草以"簇团状"的形式设置在围网内，使河蟹能沿围网爬上水草簇团，以回避缺氧；②在洪水期，取出或关闭设置在水体底层监视河蟹用的地笼、蟹、迷魂阵等渔具。

（十三）河蟹常见敌害的防治

蟹肉营养丰富、味道鲜美，而河蟹在蜕壳期行动迟缓、防御能力较差，因此成为很多敌害生物捕食的对象。人工养殖因密度大、数量多，更容易招引敌害生物的侵袭。因此，做好河蟹的敌害防治工作也十分重要。

1. 鼠害

养蟹池中经常发现水老鼠危害河蟹。防治方法是用磷化锌等有效鼠药，在池四周定期投放。另外，也可在养蟹池边安放鼠笼、鼠夹、电猫等灭鼠工具。

2. 蛙害

青蛙对蟹苗和幼蟹危害极大。在放养蟹苗或蟹种前，用药物彻底清除水中的蛙卵和蝌蚪。另外，养蟹池四周设置防蛙网或墙，可有效防止青蛙跳入池中。如果青蛙已经入池，则需及时捕杀。

3. 鸟害

有些水鸟如鹭鸟等，也能啄食河蟹，可在池塘上方安装"防鸟网"。方法是沿池塘长轴竖4根高出地面2米的水泥桩，分别用"0号粗铅丝"相连、拉紧。然后在池塘两侧的铅丝上，每隔0.5米拉1根尼龙线，在蟹池上方均匀构成一片线条状"防鸟网"。鹭鸟等到蟹池摄食往往是滑翔而下，加以鸟类的视力比人强得多。因此，这种简易"防鸟网"，可有效地防止鹭鸟等入侵。

4. 水蜈蚣

又称水夹子，是龙虱的幼体，对蟹苗和第一期幼蟹危害很大。防治方法是在养蟹前，蟹池彻底清塘，过滤进水。如果在池中发现水蜈蚣，可用灯光诱，用特制水捞网捕杀。

第六节　水草栽培技术

"种草、放螺"是近年来河蟹生态养殖中总结出的关键技术。"蟹大小、看水草"，可见水草在河蟹养殖中的作用。广大群众在实践中总结出不少种草经验，目前生产中应用较多的水草主要有伊乐藻、轮叶黑藻、苦草、金鱼藻等。

一、水草在河蟹养殖中的作用

（一）水草是河蟹不可缺少的栖息场所和隐蔽物

河蟹游泳能力差，只能作短距离游泳，喜欢在浅水区栖息、蜕壳。深水区河蟹很少出现，特别是蜕壳，基本都在溶氧相对充足、环境条件好的浅水区和水草上，部分水草水位适宜（水下5～30厘米），隐蔽性好，压强小，蜕壳容易，是河蟹蜕壳的首选场所，养殖生产中我们发现，绝大部分河蟹蜕壳时选择依附于水下5～30厘米的水草茎叶上。蜕壳后的软壳蟹需要几个小时静伏不动的恢复期，待身体大量吸水和排出水分，新壳渐渐硬化后，才能开始正常爬行、游动和觅食等活动。在此期间，软壳蟹抵御敌害生物能力差，如果没有水草作掩护，很容易受到硬壳蟹和其他敌害生物（如龙虾、鳜、乌鳢等）的攻击乃至残食。因此，水草对河蟹的成活率有显著的影响。实践表明，在水草适宜、投饲充足的情况下，河蟹的成活率高、规格大、品质好；而水草较少的池塘河蟹成活率低、规格小、品质差，可见水草在提高河蟹养殖成活率和商品蟹规格方面具有十分重要的作用。

（二）水草是河蟹不可缺少的饵料

河蟹是杂食性动物，在自然状况下，水草在河蟹食物组成中占有重要位置。大部分水草具有鲜、嫩、脆、滑等特点，水草中含有少量蛋白质、脂肪及其他营养要素。从水草所含的蛋白、脂肪含量看，很难构成河蟹食物蛋白、脂肪的主要来源。但是已知水草茎叶中富含维生素C、维生素E和维生素B_{12}等微量元素，这些可以弥补投喂谷物和配合饲料时多种维生素的不足。加之水草中一般含有1%左右的粗纤维，这有助于河蟹对多种食物的消化和吸收。此外，水草中还含有丰富的钙、磷及多种微量元素，其中钙的含量尤其突出，对于促进河蟹蜕壳具有十分重要的作用，由此可见，水草是河蟹不可缺少的饵料。生产实践证明，水草好的蟹池，蜕壳成功率高、饵料系数低。

（三）水草具有净化和调节水质的功能

池塘环境是河蟹赖以生存的最基本的条件之一。与鱼类相比，河蟹对水质条件的要求更高，已知溶氧量为7.5毫克/升时可促进生长，而低于4毫克/升则不利于河蟹生长。河蟹适宜在微碱性水体中生长，适宜的 pH 为 7.5～8.5，pH 低于 7.0 的水质不利于河蟹蜕壳变态。蟹池中栽种水草，水草进行光合作用释放大量的氧气，是蟹池氧气的主要来源，同时，水草还可吸收池塘中不断产生的大量有害的氨态氮、二氧化碳和剩余饵料溶失物及某些有机分解物。这些作用，对调节水体的 pH、溶氧乃至水温，稳定水质，都有着重要意义。实践表明，水草丰富的池塘，养成的河蟹体色正、规格大、产量高、味道鲜美；相反，水草少或无水草的蟹塘则成蟹的产量低、规格小、体色差。

（四）水草是河蟹养殖生态系统的重要因子

对于水体中的浮游植物、浮游动物、混养鱼类及底栖动物，如螺、贝、线虫、水生昆虫、小型鱼虾等的繁衍生长都有很大好处。而各种底栖动物和水生昆虫等，又恰恰是河蟹极好的动物性饵料。虽然这方面的研究大部分还处于初级阶段，但可以肯定的是，水草与养殖河蟹，以及水体和池底进行着复杂的物质交换，并维持着某种特定的生态平衡。水草是蟹池生态系统中重要的环境因子，无论对河蟹的生长还是疾病防治，都具有直接或间接的意义。

需要指出的是，并不是说池塘中的水草越多越好，只有保持适当的密度（50％～55％），多品种（2 种以上）分布合理，才能发挥很好的作用。如果密度过高，会存在不少负面作用：一是水体流动性差，河蟹无法穿行其间，这无疑大大缩小了河蟹的生存空间，影响河蟹的正常生长；二是蟹池的溶解氧、pH 昼夜变化大，易引起河蟹的应激反应；三是生态系统中其他因子受到限制，系统的稳定性差。

二、伊乐藻栽培技术

伊乐藻原产于北美洲加拿大，为多年生沉水植物，与我国的苦草、轮叶黑藻同属于水鳖科（Hydrocharitaceae）伊乐藻属（Elodea）。我们移植苗种的为纽氏伊乐藻（Elodea nuttallii）。20 世纪 80 年代由中国科学院南京地理与湖泊研究所从日本引进。它是一种优质、速生、高产的沉水植物，具有抗寒、四季常青、营养丰富等特点。尤其在冬春寒冷的季节，在其他水草不能生长的情况下，该草仍具有较强的生命力，已成为河蟹养殖中的当家草。但它也有不耐高温的缺点，因此，在生产中要有针对性地进行管理，确保其安全"度夏"。

（一）伊乐藻的优点

1. 适应性较好

水温5℃以上时伊乐藻即可萌发，10℃即开始生长，18～22℃生长最旺盛。长江流域以4—5月、10—11月生长量达最大。当水温达25℃以上时，生长明显减弱，藻叶发黄，植株顶端会发生枯萎。待9月水温下降后，枯萎植株茎部又开始萌生新根，开始新一轮生长旺季。即只要水上无冰即可栽培，在寒冷的冬季能以营养体越冬，当苦草、轮叶黑藻尚未发芽时，该草已大量生长，是5月中旬前蟹池中的当家草。

2. 群体产量高

分蘖再生能力强是伊乐藻生长的特点。江苏省宜兴市水产技术推广站在池塘中采用植株段节扦插法种植0.6千克伊乐藻种苗，一年后产量达到3 570千克。通常种植1千克伊乐藻种苗，年产量达7吨以上。

3. 营养丰富、适口性好

伊乐藻植株鲜嫩、叶片柔软、适口性好，其营养成分明显高于苦草和轮叶黑藻（表3-1），是河蟹的优质青饲料。

表3-1　蟹池中常见水草的营养成分比较（％）

种类	干物质	粗蛋白	粗脂肪	无氮浸出物	粗灰分	粗纤维
伊乐藻	9.77	2.43	0.49	3.50	1.89	1.46
苦草	4.66	1.02	0.25	1.78	0.92	0.59
轮叶黑藻	7.27	1.42	0.40	2.62	1.67	1.16
菹草	11.29	2.31	0.37	5.87	1.48	1.26

据江苏省水产技术推广站调查，伊乐藻长得好的蟹池，虾蟹生长好、病害少、品质佳、饵料系数低。伊乐藻可作为虾蟹的优质青饲料，因其再生能力强，被虾蟹吃掉一部分后能在池塘中很快自然恢复。同时，也是虾蟹栖息、隐蔽和蜕壳的好场所，有助于蜕壳、避敌和保持较好的体色。基于以上因素，95％以上河蟹养殖户均在蟹池中栽种伊乐藻。

4. 生命力强、栽种方便

伊乐藻逢节生根，切段后，撒在水中，其每一节均能萌发根系生长，伊乐藻生命力特别强，而且发棵早、生长快，不易被螃蟹吃光。即使在寒冷的冬天，也不会发生腐烂。一年四季保持长青，渔民称其为"长青草"。

5. 水质净化效果好

伊乐藻喜底泥肥的水域。淤泥有机物高的水体中，伊乐藻生长快，植株可长达 1.5 米以上，营养需求量大，吸肥能力强。所以，它的脱氮、脱磷作用强。以伊乐藻为主的蟹池，水体内浮游植物数量少、透明度大、溶氧量高，特别适合河蟹和青虾生活。

（二）伊乐藻的栽培方法

1. 栽前准备

注水施肥，蟹池清晒后，栽培前 5～7 天，用 80 目网过滤注水 0.2 米左右，并根据池塘肥瘦情况，每 667 米^2 施腐熟粪肥 100～300 千克。

2. 栽培

（1）**池塘移栽**　一般安排蟹种下塘 15 天前栽种，尽可能早种。栽植时池底留水 10～15 厘米，移栽可采取茎扦插的方法，数量为每 667 米^{2}10～15 千克，株距 0.5～0.6 米，行距为 1.5～2.5 米，把草茎切成 10～15 厘米长，5～10 株一束插入泥中 3～5 厘米即可。待草成活后，随草生长逐渐加水，保证池水浸没草头 10 厘米，水不宜加得过快、过猛。也可将池水排干，把伊乐藻草茎直接插入池中，再用竹枝扫帚将其下端压入泥中，以后逐渐加水。由于伊乐藻生长快，很容易布满全池，因此，在移栽时水草带之间要留出2～3米的空白带，使池塘中形成井字形或十字形的无草区，便于河蟹活动。

（2）**网围区移栽**　移栽选择在冬季枯水期进行，此时水位浅，便于栽种与成活。可把伊乐藻的草茎切成30～40厘米长，一端用泥裹住，慢慢沉入水中，行距1.2～1.5米；或把草茎切成40～50厘米长，用绳将10～20株绑成一束，用竹竿将其插入泥中3～5厘米即可。

3. 养护

（1）**调节水位**　伊乐藻怕高温，生产上可按"春浅、夏满、秋适中"的方法进行水位调节。

（2）**适当施无机肥料**　伊乐藻喜底泥肥的池塘，故生长旺季（3—5月和9—11月）可根据水体肥度每667米^{2}适当追施生物有机肥1.5～2.5千克。

（3）**防烂草**　伊乐藻喜光照，水体过肥（透明度低于25厘米），水中光照条件差，藻体光合作用弱，下层水草开始腐烂，造成池水透明度更低，从而会造成整个水体水质恶化。如果水体过肥，应及时换水，保持适度透明度。

（4）**防高温**　在高温来临前（一般选在5月中旬），将伊乐藻草上层部分割掉（俗称"割茬"），根部以上仅留10厘米即可，防止水草腐败，败坏水质。

4. 栽种新技术

针对伊乐藻的不耐高温的生物学特性，笔者总结形成了"前期施肥法"，即在5月上旬前，保持水体透明度在30厘米左右，保证伊乐藻不死，但生长又受到抑制，到5月上旬开始换水，将透明度逐步提高到40～45厘米。由于前期水质较肥，伊乐藻生长受到抑制，高温时伊乐藻还处在水温较低的下层，因此不需要"割茬"，既减少用工成本，又达到早期培养生物饵料的目的，解决了伊乐藻"度夏"困难的难题，保证蟹池水草覆盖率和水质的稳定，满足河蟹正常生长的要求。如果池塘中套养青虾，则青虾生长快，成活率高。

三、轮叶黑藻栽培技术

轮叶黑藻，俗称竹节温草、温丝草、转转薇等，属水鳖科、黑藻属单子叶多年生沉水植物。茎直立细长，长 50～80 厘米，叶 4～8 片轮生，通常以 4～6 片为多，长 1.5 厘米左右，广泛分布于池塘、湖泊和沟渠中。其茎叶鲜嫩，历来是河蟹、草鱼和团头鲂喜食的优质水草。轮叶黑藻为雌雄异体，花白色，较小，果实呈三角棒形。秋末开始无性繁殖，在枝尖形成特化的营养繁殖器官鳞状芽孢，俗称"天果"，根部形成白色的"地果"。冬季天果沉入水底，被泥土污物覆盖，地果人底泥 3～5 厘米，地果较少见。冬季为休眠期，水温 10 ℃以上时，芽苞开始萌发生长，前端生长点顶出其上的沉积物，茎叶见光成绿色。同时，随着芽孢的伸长，在基部叶腋处萌生出不定根，形成新的植株。待植株长成又可以断枝再植。

（一）人工栽培技术

1. 枝尖插植繁殖

轮叶黑藻属于"假根尖"植物，只有须状不定根，在每年的 4—8 月，处于营养生长阶段，枝尖插植 3 天后就能生根，形成新的植株。

2. 营养体移栽繁殖

一般在谷雨前后，将池塘水排干，留底泥 10～15 厘米，将长 15 厘米的轮叶黑藻切成长 8 厘米左右的段节，每 667 米^2 按 30～50 千克均匀泼洒，使茎节部分浸入泥中，再将池塘水加至 15 厘米。约 20 天后全池都覆盖着新生的轮叶黑藻，可将水加至 30 厘米，以后逐步加深池水，不使水草露出水面。移植初期应保持水质清新，不能干水，不宜使用化肥。

3. 芽孢的种植

每年的 12 月到第二年 3 月是轮叶黑藻芽孢的播种期，应选择晴天播种，播种前池水加注新水 10 厘米，每 667 米^2 用种 500～1 000克，播种时应按行、株距 50 厘米将芽孢 3～5 粒插入泥中，或者拌泥沙撒播。当水温升至 15 ℃时，经 5～10 天即开始发芽，出苗率可达 95％。

芽孢的选择：芽孢长 1～1.2 厘米，直径 0.4～0.5 厘米，7 000～8 000 粒/千克，芽孢粒硬饱满，呈葱绿色。

4. 整株的种植

在每年的 3—4 月，天然水域中的轮叶黑藻已长成，可以将整株切成 20 厘米左右植株进行插栽，栽种丛距横 2.5 米，竖 3 米，栽种在浅水区，每 667 米^2 栽种轮叶黑藻植株 50～100 千克。占整个水草比例 30％左右为佳，不管采用哪种方式，播种前，需用网将栽种区与河蟹隔开，待萌发长成、水草满塘时，撤掉围栏设施，让河蟹进入草丛。

养殖中后期如果蟹池中水草不足，每 667 米^2 可一次放草200～500 千克，一部分被蟹直接摄食，一部分生须根着泥存活。

四、苦草栽培技术

苦草俗称面条草、水韭菜、扁担草。叶丛生，扁带状，长30～50 厘米，深绿色，前端钝圆，基部乳白色。生长时以匍匐茎在水底蔓延。雌雄异株。雄花形成总状花序，花序柄长 1～8 厘米，着生于植物体基部。雄花成熟后，花苞裂开，雄花离花轴浮于水面，由水流授粉。雌花具细长而卷曲花柄，其长度依生长的水深而定。雌花成熟时，它们浮于水面。雌蕊 1 枚，具 3 个柱头；子房下位，长 10～15 厘米。内含大量胚珠。受精后，花柄卷曲成螺纹状，将果实沉入水中。成熟时果实长 5～15 厘米，其内紧密横排大量子实体。

蟹池种植苦草，既能为河蟹生长提供天然饵料，又能有效地改善养殖水质，还可以为河蟹生长、蜕壳提供良好的隐蔽环境。

1. 池塘准备

要求池深 1.2～1.5 米，池底平坦，淤泥厚度小于 20 厘米。用网目密、宽度为 1.5 米的网片围起来，形成水草养护区，将草与蟹暂时隔离，用于保护后栽种的水草。

2. 草籽播种

4 月中旬，水温回升至 15 ℃以上时即可播种，每 667 米² 播种苦草籽 50～100 克。选择晴天曝晒种子 1～2 天，然后用水浸种 24 小时，捞出后搓出果实内的种子，并清洗掉种子上的黏液，再用半干半湿的细土或细沙拌种，全池撒播。搓揉后的果实中还有很多种子未搓出，也撒入池中。播种时保持水草栽培围网区水深 5～10 厘米。

3. 水草养护

水温 18～22 ℃，种子需 4～5 天开始发芽，至 15 天时出苗率超过 98%。苦草在水底分布蔓延的速度很快。为促进苦草分蘖，抑制叶片营养生长，苦草播种区 6 月中旬以前水位应控制在 20 厘米以下，6 月下旬水位加至 40～50 厘米。至 6 月底、7 月初，撤除暂养围网。每天在大池与暂养池交界处投喂一些新鲜的动物性饵料，以后逐渐扩大到整个大池投饵。7 月底开始，每天投喂大量饵料，特别是一些新鲜动物性饵料，以满足河蟹的生长需要，同时减少河蟹对苦草的消耗。

4. 苦草栽种新技术

河蟹喜食苦草根部的白茎，夹断白茎后，大量的叶子上浮。由于河蟹不食苦草叶子，因此易造成水质败坏，养殖户对苦草既爱又怕。为解决这一问题，笔者摸索了一套苦草"育苗栽种法"。具体的方法为：用苦草种用水稻育秧法培育苦草秧苗，再在需要栽种区域栽种，这一方法避免苦草播种根茎扎泥浅、养殖中后期被河蟹大量夹断现象，但由于此法劳动量较大，只适合小面积栽种。

第四章 高效养殖模式和经营案例

我国各地根据当地市场、技术、自然条件等特点，因地制宜开展模式创新和品牌创建，形成了多种高效养殖模式，创建了一大批在全国具有较高知名度的品牌，有力促进当地河蟹养殖持续健康发展，现将江苏省广泛应用的高效生态养殖模式和品牌建设情况介绍如下。

第一节 金坛市模式（"155"模式）

蟹池"155"生态高效养殖模式，依据青虾、沙塘鳢与河蟹共生互利的生物学原理，在养殖河蟹的前提下，合理放养青虾、沙塘鳢，采取种植复合型水草、放养大规格优质蟹种、科学投喂饵料、合理调控水质和生态防病等措施，实现养殖产量、产品质量、经济效益、生态环境的有机结合，达到每 667 米² 产河蟹 100 千克、青虾 50 千克或青虾和沙塘鳢 50 千克（其中青虾 30 千克、沙塘鳢 20 千克）、每 667 米² 效益 5 000 元以上的高效生态养殖模式。其主要技术要点如下。

一、模式技术要点

（一）池塘条件

池塘东西走向、长方形，面积在 6 670～13 340 米² 为宜，池深 1.8～2.0 米，坡比 1∶（2.5～3.0），池底平整，池埂夯实无渗漏，四周设置高 0.5～0.7 米的钙塑板或防逃网，底部安放 PVC 管铺设进排水系统，水源清新充足，无污染；每公顷水面配置 4.5 千瓦以上动力微孔增氧设施，总供气管架设于池塘中间水面以上 30～50 厘米，微孔曝气管设置于池塘底部，每隔 8～10 米设置 1 条，每 667 米² 微孔增氧管道的总长度在 50 米左右。

（二）清塘消毒

12—1 月，排尽池水，清除过多淤泥，曝晒 30 天左右，注入新水 5～10 厘米，每 667 米² 用 10～15 千克茶粕饼浸泡 3～4 小时后全池泼洒，杀灭野杂鱼。7 天后排干池水，每 667 米² 施用生石灰 200～250 千克，兑水溶解后全池泼洒，彻底清除病菌及敌害生物。

（三）水草种植

清塘药物药性消失后，注入 30 厘米水，进水口 80 目用过滤网进行过滤，防止野杂鱼及其受精卵进入池塘，排水口安装密眼网。在池塘中央用围网圈设水草移植保护区和河蟹暂养区（水草移植保护区占池塘面积的 1/3 左右，5 月底左右水草成势后拆除围网）。在河蟹暂养区内，种植伊乐藻、黄丝草、松毛草、苦草等复合型水草，水草移植保护区内种植轮叶黑藻；1—2 月种植伊乐藻，3—4 月种植黄丝草、松毛草、轮叶黑藻、苦草，东西为行，南北为间，行间距 5 米×4 米，全池水草覆盖率控制在 40%～50%。

（四）螺蛳投放

螺蛳作为蟹池较理想的优质生物饵料，全年分两次投放。清明节前后，每 667 米² 投放鲜活螺蛳 200～250 千克，让其自然繁殖，7—8 月，根据螺蛳存塘量每 667 米² 投放螺蛳 150～200 千克。

（五）施肥培水

池塘消毒后 7～10 天，每 667 米² 施经发酵处理的猪粪等有机肥 200～250 千克，或钙镁磷肥加复合肥 15～20 千克，将池水培成淡红色，为河蟹、青虾、沙塘鳢提供优质天然饵料，并促进水草生长。

（六）苗种放养

1. 放养蟹种

2月，在河蟹暂养区内每667米^{2}放养800～1000只肢体健全、活动能力强、无病无伤、规格为120～160只/千克的本地自育蟹种。

2. 套养青虾

2—3月，在河蟹暂养区每667米^{2}放养规格为800～1000尾/千克的春季过池虾种10～15千克；7—8月放养规格为1.5～2.0厘米的当年繁育的青虾苗种，每667米^{2}放养2万～3万尾。

3. 套养沙塘鳢

主要采用两种方式套养：①5月底，投放体长2～3厘米、规格100～200尾/千克的沙塘鳢苗400～500尾。②2月，在水草移植保护区内，每667米^{2}投放沙塘鳢亲本10～15尾（雌雄比1∶1.2，雌鱼规格70克以上，雄鱼80克以上），放置"三合瓦片"、大口径竹筒、蚌壳、灰色塑料管等作为其繁殖产卵的巢穴，促进自然繁育，苗种孵化期间培肥水质并坚持增氧，不使用药物，只加水，不排水，提高孵化率。

（七）饲养管理

采用优质全价配合饲料，颗粒饲料应无发霉变质、无污染，动物性饵料应新鲜、适口、无腐败变质、无毒。按照全程动物性饵料搭配颗粒饲料的投喂原则，坚持全池投饵，实际投饵量应结合天气、水质、水温、摄食及蜕壳情况等灵活掌握，适当增减投喂量，一般以4～5小时能吃完为宜。

1. 饵料投喂

（1）施肥培水后，水体中的水蚯蚓、轮虫、枝角类等底栖生物和浮游藻类为青虾提供天然活性饵料；同时，按青虾存塘量5％的比例投喂颗粒饲料，确保青虾饵料充足。

（2）根据河蟹不同生长阶段营养需求，按照前后精、中间青的原则，合理调整动物性饵料与颗粒饲料的投喂比例。5月之前，蟹种集中于暂养区内强化培育，每天以摄食新鲜小杂鱼、蚬蚌肉等动物性饵料为主，切碎后每667米² 投喂1千克，同时搭配适量颗粒饲料，比例为4：1；5～9月，河蟹摄食易受高温影响，小杂鱼与颗粒饲料投喂比例调整为7：3；10月，河蟹进入育肥阶段，小杂鱼与颗粒饲料投喂比例为12：1。

（3）针对沙塘鳢喜食小虾、小鱼的特点，养殖池塘应投放少量糠虾，供沙塘鳢摄食。

2. 水质调节与水位调控

（1）**水质调节**　水温上升至20℃后，池塘微生物生长速度加快，因此，需根据池塘水色、水体透明度等变化情况，及时采取有效措施改善水质，增强水体自净能力；春秋季水体透明度控制在30～35厘米，高温季节透明度控制在35～40厘米。每7～15天施用生物制剂和底质改良剂调节水质、改善底质，降低水体氨氮、亚硝酸盐、硫化物等有毒有害物质浓度；每5～7天注排水一次，高温季节勤换水，采取少量多次、边排边注的方法，换水10～20厘米，达到降低水体温度、促进河蟹正常生长的目的。同时注意观察天气变化，适时开启增氧设施，高温季节，傍晚开启增氧机至翌日早晨；连续阴雨天气全天开机，使水体溶氧量保持在5毫克/升以上。使用药物杀虫消毒、调节水质及投喂饵料时，也应及时开启增氧机，以保证池水溶氧充足。

（2）**水位调控**　按照"前浅、中深、后稳"的原则及时加高、降低水位，合理调节水温，最大限度地满足河蟹、青虾生长发育需求。3—5月气温逐步回升，蟹池水深0.5～0.6米，利于水温的迅速提高，为施肥培水提供先决条件，同时加快河蟹、青虾摄食速度；6—8月维持水位1.0～1.2米，高温季节应适当加深水位，暴雨期间及时排水，将水温控制在25～28℃，利于河蟹正常摄食，促进蜕壳；9—11月水位维持在0.8～1.0米，利于水温恒定，为河蟹增重育肥提供稳定的环境。

（3）水草管护　控制水草覆盖率主要通过水位调控和割茬处理相结合的方法实现。水草密度过大，采用连根拔除的方式拉取2～3米"十"字形通风道，促进水体流动、方便河蟹活动；5月上中旬如果伊乐藻等长势过快，需对其上部进行刈割，将其顶部控制在水面以下20厘米，促进水草根系生长，防止高温季节上浮，也有利于水体流动。同时加强塘口巡查，及时捞除上浮水草，防止腐烂败坏水质。

（4）病害防治　遵循"预防为主、防治结合"的原则，坚持生态调节与科学用药相结合，预防和控制病害的发生，全年着重抓住"防、控、保"3个阶段：4月底至5月初，采用硫酸锌复配药杀纤毛虫一次，相隔1～2天后，用生石灰对水体进行杀菌消毒；6—7月，每半个月用生石灰全池泼洒消毒；8月中旬使用碘制剂对水体进行杀菌消毒；9月中旬，再杀纤毛虫；高温季节，加强药饵投喂，每30天投喂1%中草药饵7～10天，防止肠炎等疾病发生，增强河蟹体质，提高机体免疫力。

（八）起捕上市

自4月初，即可用地笼捕捞规格青虾上市；8月起，视市场行情用抄网抄捕沙塘鳢，销售上市。10月始，根据市场行情，采用地笼逐步捕捞河蟹和沙塘鳢，及时均衡上市。

二、蟹、虾混养高产高效实例

（一）养殖户基本信息

金明生，金坛市（县、区）指前镇芦家村。池塘养殖面积共66 700米^2，池塘5个，分别为16 675米^2、13 340米^2、12 673米^2、12 006米^{2}和12 006米^2。2013年开展河蟹、青虾混养，取得了每667米^{2}效益11 555元的好成绩，有关情况介绍如下。

(二)放养与收获情况

该模式放养与收获情况详见表 4-1。

表 4-1　放养与收获情况

养殖品种	放　养			收　获		
	时间	规格	每 667 米² 放养量	时间	规格	每 667 米² 收获量（千克）
河蟹	2013 年 4 月 26 日	160 只/千克	1 000 只	2013 年 12 月 27 日	140 克	100
青虾	2013 年 2 月 4 日	3 000 尾/千克	11.6 千克	2013 年 5 月 17 日	260 尾/千克	26
抱卵虾	2013 年 5 月 28 日	300 尾/千克	0.25 千克	2013 年 11—12 月	300 尾/千克	24

(三)效益分析

该模式效益分析详见表 4-2。

表 4-2　效益分析

项　目			数量	单价	总价（元）
成本	1. 池塘承包费		66 700 米²	每 667 米² 单价 1 200 元	120 000
	2. 苗种费	扣蟹	623 千克	50 元/千克	31 150
		虾种	1 210 千克	40 元/千克	48 400
		虾苗			
		小计			79 550
	3. 饲料费	配合饲料	12 121 千克	6.6 元/千克	79 998.6
		小杂鱼	27 490 千克	3.2 元/千克	87 968.0
		螺蛳	25 000 千克	2 元/千克	50 000
		玉米等			
		小计			217 967

（续）

项　　目			数量	单价	总价（元）
成本	4.渔药费	消毒剂	5桶	900元/桶	4 500
		微生态制剂（袋）芽孢杆菌	150袋	12元/袋	1 800
		EM原露	1桶	400元/桶	400
		底改	35袋	120元/袋	4 200
		杀虫杀菌剂	50袋	9元/袋	450
		内服药物			
		茶粕素	2 500千克	2元/千克	5 000
		小计			16 350
	5.其他	肥料	100千克	5元/千克	500
		水草	100千克	28元/千克	2 800
		电费	20 000度	0.6元/度	12 000
		人工（工时）			13 000
		折旧			
		小计			28 300
	总成本		66 700米²	每667米²成本4 621.7元	462 167
产值	单项产值	河蟹	10 143千克	116元/千克	1 176 588
		商品虾	5 513千克	80元/千克	441 040
		其他收入			
	总产值		66 700米²	每667米²产值16 176.3元	1 617 628
	总利润		66 700米²	每667米²利润11 555元	1 155 461

三、蟹、虾、鱼混养高产高效实例

（一）养殖户基本信息

薛斌，金坛市（县、区）直溪镇建昌村。养殖池塘1个，面积

8 004 米^2。2014 年开展河蟹、沙塘鳢、青虾混养，实现每 667 米^2 效益 11 390.9 元，有关情况介绍如下。

（二）放养与收获情况

该模式放养与收获情况详见表 4-3。

表 4-3　放养与收获情况

养殖品种	放养			收获		
	时间	规格	每 667 米^2 放养量	时间	规格	每 667 米^2 收获量（千克）
河蟹	2013 年 2 月 18 日	160 只/千克	1 000 只	2013 年 12 月 18 日	145 克	125
青虾	2013 年 2 月 15 日	2 000 尾/千克	15 千克	2013 年 5 月 10 日	300 尾/千克	50
沙塘鳢	2013 年 5 月 25 日	200 尾/千克	1 千克	2013 年 12 月 20 日	8 尾/千克	30
鳙、鲢	2013 年 2 月 19 日	250 克/尾	25 尾	2013 年 12 月 20 日	1.8 千克/尾	39.6

（三）效益分析

该模式效益分析详见表 4-4。

表 4-4　效益分析

项　目			数量	单价	总价（元）
成本	1. 池塘承包费		8 004 米^2	每 667 米^2 单价 500 元	6 000
	2. 苗种费	扣蟹	12 000 只	1 元/只	12 000
		虾种	180 千克	42 元/千克	7 560
		鳙、鲢	75 千克	8 元/千克	600
		沙塘鳢	12 千克	70 元/千克	840
		小计			21 000

（续）

项　　目		数量	单价	总价（元）
3. 饲料费	配合饲料	1 532 千克	6 元/千克	9 192
	小杂鱼	8 077 千克	2.6 元/千克	21 000
	螺蛳	3 614 千克	2 元/千克	7 228
	玉米等	1 040 千克	2.4 元/千克	2 496
	小计			39 916
4. 渔药费	消毒剂	6 瓶	30 元/瓶	180
	微生态制剂	24 瓶	15 元/瓶	360
	杀虫杀菌剂	12 袋	7 元/瓶	84
	内服药物	40 袋	10 元/瓶	400
	保健料	0.4 吨	6 000 元/瓶	2 400
	生石灰	1.32 吨	800 元/瓶	1 056
	小计			4 480
5. 其他	肥料	1 200 千克	0.4 元/千克	480
	氨基酸肥水膏	3 桶	40 元/桶	120
	水草	600 千克	1 元/千克	600
	电费	1 135 度	0.6 元/度	681
	人工			
	折旧			
	小计			1 881
成本 总成本		8 004 米^2	每 667 米^2 成本 6 106.4 元	73 277
产值 单项产值	河蟹	1 512 千克	68 元/千克	102 816
	商品虾	608 千克	102 元/千克	62 016
	沙塘鳢	364 千克	124 元/千克	45 136
	鳙、鲢	475.2 千克	7.5 元/千克	3 564
总产值		8 004 米^2	每 667 米^2 产值 17 497.3 元	209 968
总利润		8 004 米^2	每 667 米^2 利润 11 390.9 元	136 691

注：养殖户劳动力成本未计入。

93

（四）关键技术

①清塘过程中，池塘淤泥保留 5 厘米，用于培育轮虫、水蚯蚓、红虫等底栖生物，为河蟹提供天然饵料，同时为水草生长提供营养。②设置河蟹暂养区，在强化培育蟹种的基础上，保证水草生长不受河蟹影响，为后期河蟹生长提供场所，营造适宜环境。③蟹池投放螺蛳，是河蟹喜食的活性饵料，又能吸取水体中过多的有机物，防止水质恶化，具有净化水质的功能，但螺蛳投放过多易造成水体缺氧，应分批适量投放。④选购当地优质苗种，本地自育蟹种在适应性、成活率、抗病害能力及回捕率等方面均强于外地苗种，提高蟹种质量靠自育。⑤因伊乐藻不耐高温，易发生败草现象影响水质，5 月中上旬割除其上部 30 厘米，利于安全度夏。如果水草过多，要采取割茬措施清除部分水草，留出通道，有利于水体流动和河蟹活动。⑥6 月前投喂蛋白质含量 40% 以上的优质饲料，以促进河蟹快速生长。高温季节改投蛋白质含量为 30% 左右的蛋白质饲料，控制水质，以保证河蟹安全度夏；9 月投喂含 38% 蛋白质的饲料促进增重育肥。⑦养殖过程中为防止沙塘鳢摄食青虾，可投放少量经济价值较低的糠虾供沙塘鳢摄食，从而提高青虾的产量及效益。⑧造成河蟹发病的原因很多，水体溶氧偏低、环境恶化、种苗带病、水温骤变、病菌感染等均可造成河蟹发病死亡，药物治疗效果也不明显。因此，采用科学、健康的养殖方式，结合综合的防治措施是控制河蟹病害的有效方法。

第二节　兴化模式（红膏模式）

兴化市是我国河蟹的重要产区，全国养蟹第一县，河蟹养殖面积 46 690 万米^2，是当地农业主导产业，在龙头企业江苏省红膏集团带动下，总结形成"稻田提水高效生态养殖模式"，即"兴化模式"。由于该模式是江苏红膏集团创立并率先使用的，又称为"红膏模式"。该模式的特点是"稀放、大规格、高效益"。

一、模式技术要点

（一）蟹池选择

选择地势较高、进排水方便、水源质量较好的田块开挖蟹池，土质以壤土最好，黏土次之，砂土最差。池底淤泥不超过 5 厘米。区位优势明显，交通、电力有保证。

（二）蟹池结构

蟹池以东西长、南北狭为好；呈长方形，四角呈弧形；池埂宽 2～3 米，必须夯实，不漏水、不渗水。池深 1.2～1.5 米；面积 6 670～13 340 米^2 为宜；池中应有浅水区，深 10～30 厘米，供河蟹蜕壳用。浅水区呈阶梯形，阶梯宽 20～40 厘米。设高灌低排水系统，在蟹池的两端分设进水闸和排水闸，在进水口外围设置 0.8 厘米网目的网片，防止杂物进入蟹池；进水口设置 40 目密眼滤水网袋，防止野杂鱼等敌害的卵和苗随水流进入蟹池。在排水口设网笼，防蟹顺水逃出。选购价廉物美的材料如养蟹膜等建设防逃设施。

（三）清整消毒

蟹种放养前 15 天每 667 米^2 用生石灰 100～150 千克融化后全池泼洒，消灭各种野杂鱼类、有害生物，消毒时水位保持在 10～20 厘米。如果是老池，还要先清除淤泥和杂草。

（四）种植水草

"养好一塘蟹必须首先种植好一塘水草"。实践证明，养蟹池塘种草与不种草，种植水草的好与不好，直接决定河蟹养成的规格、品质、发病率和回捕率。因此，蟹池一定要坚持种植水草。水草种植面积，一般以占池水面积的 50%～60% 为宜。水草生长过密，可每隔 5～6 米开出一条 1.5～2.0 米的无草通道。种植品种主要有伊乐藻、苦草、轮叶黑藻、菹草等，以 2～3 种水草为佳，种植时间在清明节前后。种植方法：轮叶黑藻与伊乐藻以无性繁殖为主，采取切茎分段扦、插的方法，每 667 米² 用量 25～30 千克；苦草以播种为主，每 667 米² 用种量 0.1 千克。上述草类以伊乐藻生命力最强，除高温季节茎顶部萎缩外，四季常青、四季可栽。但水草种植时应注意，需在蟹种放养前进行，保证蟹种下塘前已有水草长出，否则草的嫩牙被河蟹摄食，会影响水草存活或生长。另外，有的池塘水质清瘦，水草生长不旺盛，可每 667 米² 施 4～5 千克复合肥，以促进水草生长。

（五）选购优质蟹种

优质蟹种包括两个方面：一是养殖河蟹的品种要纯正，二是蟹种质量要优良。

1. 长江水系蟹种特点

背甲为浅黄色、椭圆形、侧齿尖锐，其中第四侧齿明显，额齿中间凹陷明显；第二步足与第三步足等长，第四侧齿对径与第三步足长之比为 1∶2.0，这个比例是长江水系蟹种与其他水系蟹种的关键区别，步足毛金黄，第二、三步足上无刚毛。

2. 如何正确识别性早熟蟹种

性早熟蟹种是指蟹苗在当年培育成蟹种后，个体不大，通常在 20 克左右，性腺却已发育成熟的蟹。用这种蟹种翌年进行商品河蟹生产，绝大部分将因蜕壳困难而死亡，造成河蟹养殖失败。

（1）**腹部观察** 正常蟹种，不论雌雄个体，腹部都狭长，略呈三角形。但随着生长，雄蟹的腹部仍然保持三角形，而雌蟹腹部却逐渐变圆。也就是说，选购蟹种时，要观看蟹种的腹部。如果都是三角形或近似三角形的蟹种，即为正常蟹种。如果蟹种腹部已经变圆，且圆的周围密生绒毛，即有可能是性腺成熟的蟹种。

（2）**交接器观察** 观看交接器是辨认雄蟹是否成熟的有效办

法，打开雄蟹的腹部，发现里面有 2 对附肢，着生于第一至第二腹节上，其作用是形成细管状的第一对附肢，在交配时，1 对附肢的末端紧紧地贴吸在雌蟹腹部第五节的生殖孔上，故雄蟹的这对附肢叫交接器。在正常蟹种方面，交接器为软管状，而性成熟蟹种的交接器为坚硬的骨质化管状体，即交接器是否骨质化是判断雄性蟹是否成熟的标志之一。

（3）**螯足和步足观察** 河蟹的 1 对螯足强大，呈钳状，掌部有绒毛。性腺未成熟的蟹种掌节的绒毛短，而且稀疏，性腺成熟蟹种掌节的绒毛稠密，并且较长，颜色较深。同样，步足的前节和胸节上的刚毛在未成熟蟹种表现为短而稀，在成熟蟹种表现为粗长、密稠且坚硬。

（4）**性腺观察** 打开蟹种的头胸甲，若是性成熟的雌蟹，在肝区上面有 2 条紫色长条状物，即卵巢，肉眼可清楚地看到卵粒。若是性成熟的雄蟹，肝区有 2 条白色块状，即精巢，俗称蟹膏。若是性腺未成熟的蟹种，打开头胸甲只看到橘黄色的肝脏。

（5）**背甲颜色和蟹纹观察** 性腺未成熟的蟹种头胸甲背部的颜色为黄色，或黄里夹杂着少量淡绿色，其颜色在蟹种个体越小时越淡。性成熟蟹种背部颜色较深，为绿色，有的甚至为墨绿色。蟹纹是蟹背部多处起伏的俗称，性腺未成熟的蟹种背部较平坦，起伏不明显；而性成熟的蟹种背部凹凸不平，起伏非常明显。

3. 解决优质种源问题

（1）**定点购苗，自育蟹种** 自育的蟹种成活率高，抗病力强，生长速率快，明显好于外购蟹种。

（2）**到育种单位选购** 选购时坚持做到"五不要"，即杂蟹不要、受伤蟹不要、"僵蟹"与"绿蟹"不要、病蟹不要、肢残蟹不要。

（六）蟹种放养

蟹种放养密度一般以每 667 米² 控制在 700～900 只为宜，蟹种放养时间最好在每年的 2—3 月。蟹种放养规格以 120～160 只/千克为宜。规格过大，第一次蜕壳困难，损伤较重；规格过小，则生长基数不大，影响上市规格。放养前需先在池中设置一块蟹种"暂养区"，将蟹种先放入"暂养区"培育，以利于水草生根、发芽与生长，待河蟹蜕壳 1～2 次，再拆除围网。暂养面积一般占养殖塘口面积的 10%～20%。

（七）饲养管理

1. 饲料投喂

河蟹饵料，除了利用池中水草和底栖生物外，还要注意人工投饵。人工投饵要注意两个方面：一是注意基础饵料投放，二是注意人工补充投饵。投放基础饵料，主要是指投放螺蛳于蟹池。可以在清明节前后，每 667 米² 投放活螺蛳 300 千克以上。此时正是繁殖新生螺蛳时期，小螺蛳壳薄鲜嫩，是河蟹早期最好的开口饵料，成螺又是河蟹中后期的活性饵料。同时，螺蛳还有净化水质的作用。投饵四定原则：定时、定点、定质、定量；四看原则：看季节、看天气、看水质、看河蟹的吃食情况进行科学投饵；"青精结合、荤素搭配"的原则；"前期精、中间青、后期荤"的原则。

2. 水质管理

一是调控水质。①定期泼洒生石灰水。一般 10～15 天用一次，每次浓度使用为 10×10^{-6}～15×10^{-6} 毫克/升，主要是提高 pH 和增加水体钙的含量。②投施磷酸二氢钙。磷酸二氢钙易溶解于水，不但可调节水质，而且河蟹可直接通过鳃表皮及胃肠内壁吸收，可相应加快河蟹蜕壳速度，对促进河蟹生长有较好的作用。一般每月 1 次，每次每 667 米² 施 1.5～2.0 千克，与生石灰进行交叉使用。③套养少量鳙、鲢。一般于老池、肥水塘套养适量花白鲢，套养量以每 667 米² 产成鱼 50 千克左右为宜，其目的主要是控制水质浓度。④适时注换新水。通常每 3～4 天换水 1 次，水温低时，7～10 天换水 1 次。天气闷热时，坚持天天换水。特别是发现河蟹上岸、爬网与以往有异时，则要及时换水，每次换水量一般占池水总量 1/5 左右。⑤泼洒光合细菌等生物制剂。高温季节，对养殖老塘口定期用光合细菌全池泼洒，以转化吸收池底有机物分解释放的氨氮、硫化氢等有毒物质。

二是调控水位。一般分为三个阶段，掌握不同水深。前期为 0.6～0.8 米，中期为 1.0～1.2 米，后期为 0.8～1.0 米。

3. 日常管理

日常管理的主要方法就是经常巡塘，做到一天至少 1～2 次，主要内容是五查五定：一查有无剩余饵料，定当天投饵品种和数量；二查水质水体是否正常，定换水时间和换水量；三查防逃设施是否正常，定时维修加固；四查有无敌害，定防范措施；五查有无病或死蟹，定防治挽救办法。

（八）河蟹的捕捞与运输

成蟹捕捞不能过早，也不能过晚。过早则性腺发育不充分，肥满度不足；过晚则捕捞困难，死亡率高。捕捞时间一般在 10 月下旬至 11 月中旬。方法有三种：一是放水捕蟹，在出水口装上蟹网，通过放水使蟹进入网内捕获；二是徒手捕捉，利用河蟹晚上爬上岸觅食的习性，用手电照捕；三是干塘捕蟹，将池塘水抽干后进行捕捉。

商品蟹的包装与运输：如果运输距离短，可用网袋、木桶装运。运输数量多或运输距离长，常用泡沫箱加网袋装运。根据泡沫箱大小，每个箱中放 4～6 个网袋，每个网袋装 5 千克左右蟹，在网袋空隙处插入 8～10 个经冰冻过的矿泉水瓶。

二、蟹、鳜、虾混养高产高效实例

（一）养殖户基本信息

沈文玉，兴化市永丰镇迎新村养殖户，2012 年起从事河蟹养殖生产，养殖面积 16 675 米^2，1 口塘。

（二）放养与收获情况

2013 年开展蟹、鳜、虾混养，3 月 10 日每 667 米^2 放规格 200 只/千克蟹种 700 只，5 月 20 日放养规格 5 厘米的鳜苗种 9 尾，5 月 22 日放养青虾抱卵虾 10 千克。10 月 20 日收获河蟹 2 275 千克、收获鳜 112 千克、青虾 330 千克。该塘口实现总产值 216 100 元，每 667 米^2 产值 8 644 元；创纯经济效益 145 030 元，每 667 米^2 效益 5 801.2 元。详见表 4 - 5。

表 4 - 5 放养与收获情况

养殖品种	放养			收获		
	时间	规格	每 667 米^{2}放养量	时间	规格	每 667 米^{2}收获量（千克）
河蟹	2013 年 3 月 10 日	200 只/千克	700 只	2013 年 10 月 20 日	155 克	91
鳜	2013 年 5 月 20 日	5 厘米	9 尾	2013 年 10 月 20 日	0.6 千克/尾	4.48
青虾	2013 年 5 月 22 日	1 000 尾/千克	400 尾	2013 年 10 月 20 日	450 尾/千克	13.2

（三）效益分析

该模式效益分析详见表 4 - 6。

表 4 - 6 效益分析

	项 目		数量	单价	总价（元）
成本	1. 池塘承包费		16 675 米^2	每 667 米^2 单价 1 000 元	25 000
	2. 苗种费	扣蟹	17 500 只	0.56 元/只	9 790
		虾种	10 千克	75 元/千克	750
		鳜种	220 尾	1.5 元/尾	330
		小计			10 870

（续）

项　　目			数量	单价	总价（元）
成本	3. 饲料费	配合饲料	1 750 千克	4.91 元/千克	8 600
		小杂鱼	1 500 千克	4.2 元/千克	6 300
		螺蛳	5 000 千克	1.2 元/千克	6 000
		小计			20 900
	4. 渔药费	消毒剂	2 箱	490 元/箱	980
		微生态制剂	40 瓶	18 元/瓶	720
		杀虫杀菌剂	80 瓶	15 元/瓶	1 200
		内服药物	60 袋	15 元/袋	900
		生石灰	3 吨	350 元/吨	1 050
		小计			4 850
	5. 其他	肥料（千克）			1 700
		水草（千克）			6 000
		电费（度）			1 750
		人工（工时）			
		折旧			
		小计			9 450
	总成本		16 675 米²	每 667 米² 成本 2 842.8 元	71 070
产值	单项产值	河蟹	2 275 千克	84 元/千克	191 100
		商品虾	330 千克	58.8 元/千克	19 400
		商品鱼	112 千克	50 元/千克	5 600
	总产值		11 675 米²	每 667 米² 产值 8 644 元	216 100
	总利润		16 675 米²	每 667 米² 利润 5 801.2 元	145 030

(四) 关键技术

①冬闲季节排空塘中水，曝晒塘底，苗种放养前用生石灰彻底清塘。②放养的蟹种为养殖户自己培育的，成活率高。③栽种伊乐藻、苦草两种水草，投放螺蛳，定期用微生态制剂调控水质。④进入 9 月以后，开始投喂小杂鱼，提高动物饲料蛋白质比例，以促进河蟹营养累积，增加河蟹养殖产量和鲜美度。⑤每 667 米^2 放养鳜 10 尾左右，不但可以清除蟹池中野杂鱼，而且每 667 米^2 增收鳜 5 千克左右。

三、蟹、沙塘鳢、虾混养高产高效实例

(一) 养殖户基本信息

施俊前，兴化市安丰镇盛宋村养殖户。池塘养殖面积 36 018 米^2，1 口塘，水深 1.3 米。从事河蟹养殖生产 14 年。

(二) 放养与收获情况

2013 年 3 月 10 日放养幼蟹 48 600 只（规格每千克 220 只），5 月 22 日放养青虾种虾 121.5 千克，5 月 26 日开始放养沙塘鳢（规格 4～5 厘米）21 600 尾。2013 年 11 月 10 日收获河蟹 4 860 千克、收获沙塘鳢 675 千克、青虾 620 千克。该塘口实现总产值 630 400 元，每 667 米^2 产 11 674 元；创纯经济效益 412 875 元，每 667 米^2 产 7 645.8 元。详见表 4-7。

表 4-7 放养与收获情况

养殖品种	放养			收获		
	时间	规格	每 667 米^2 放养量	时间	规格	每 667 米^2 收获量（千克）
河蟹	2013 年 3 月 15 日	220 只/千克	900 只	2013 年 11 月 10 日	150 克	90
青虾	2013 年 5 月 22 日	800 尾/千克	1 800 尾	2013 年 11 月 10 日	320 尾/千克	11.5
沙塘鳢	2013 年 5 月 26 日	4～5 厘米	400 尾	2013 年 11 月 10 日	70 克/尾	12.5

（三）效益分析

该模式下效益分析详见表 4-8。

表 4-8 效益分析

	项 目		数量	单价	总价（元）
成本	1. 池塘承包费		36 018 米²	每 667 米² 单价 1 100 元	59 400
	2. 苗种费	扣蟹	48 600 只	0.50 元/只	24 300
		虾种	121.5 千克	70 元/千克	8 505
		沙塘鳢	675 千克	46 元/千克	31 050
		小计			63 855
	3. 饲料费	配合饲料	5 150 千克	5.6 元/千克	28 840
		小杂鱼	2 300 千克	4.3 元/千克	9 890
		螺蛳	21 600 千克	1.1 元/千克	23 760
		小计			62 490
	4. 渔药费	消毒剂	5 箱	480 元/箱	2 400
		微生态制剂	80 瓶	18 元/瓶	1 440
		杀虫杀菌剂	160 瓶	15 元/瓶	2 400
		内服药物	100 袋	14 元/袋	1 400
		茶籽饼	3.2 吨	1 200 元/吨	3 840
		小计			11 480
	5. 其他	肥料（千克）			
		水草（千克）			11 800
		电费（度）			8 500
		人工（工时）			
		折旧			
		小计			20 300
	总成本		36 018 米²	每 667 米² 成本 4 028.2 元	217 525

（续）

项　目		数量	单价	总价（元）
产值	单项产值 河蟹	4 860 千克	110 元/千克	534 600
	单项产值 商品虾	620 千克	67.4 元/千克	41 800
	单项产值 沙塘鳢	675 千克	80 元/千克	54 000
	总产值	36 018 米²	每 667 米² 产值 11 674 元	630 400
总利润		36 018 米²	每 667 米² 利润 7 645.8 元	412 875

（四）关键技术

①冬闲时节排空塘水、曝晒塘底，苗种放养前用茶籽饼药塘，既清塘，又可以很好地肥水、培育大量的饵料生物。②放养的蟹种为上年养殖户自育的，苗种质量有保证。③定期用微生态制剂调节水质，夏季利用"控草丹"预防水草疯长和烂草现象，保证水草覆盖率。④塘口安装微孔增氧设备，有效地调控水体溶氧，提高河蟹等养殖产量。⑤沙塘鳢苗种规格要大，成活率才有保证。因为套养了沙塘鳢，收获的青虾规格比往年大、价格也高。

第三节　虾蟹双主养模式（苏州模式）

近年来，随着我国河蟹养殖面积的不断扩大，河蟹养殖因产量的增加和市场价格不稳定因素的影响，导致河蟹养殖风险增大。而青虾以其生长速度快、投资成本低、市场价格稳中有升，受到养殖户的青睐。于是，苏州市水产科技工作者在原有虾蟹混养技术模式的基础上，通过在河蟹养殖池塘中增加青虾放养比重，强化青虾养殖管理，提高青虾产量，有效提高蟹池的产出，降低河蟹养殖风险。江苏省苏州地区形成了青虾与河蟹双主养模式，年每 667 米² 均产青虾 75 千克、河蟹 75 千克以上，每 667 米² 效益 5 000 元以上，并在苏南地区规模化推广。

一、模式技术要点

（一）池塘条件

蟹池面积以 3 335～13 340 米² 为宜，东西走向，坡比 1：(2.5～3)，池深 1.5～1.8 米，进、排水分开，水源充沛，水质良好，周边 3 千米内无任何污染物。进水口用 80 目以上尼龙筛绢网过滤。每 667 米² 按 0.2～0.3 千瓦动力配备微孔增氧设备。

（二）放养前准备

1. 清塘消毒

冬季干塘后，清除池底过多的淤泥，修复坍塌池埂，曝晒10～15 天后，每 667 米² 使用生石灰 150 千克化浆全池泼洒进行消毒，杀灭池塘敌害生物。

2. 注水施肥

清塘后 10 天用 80 目以上尼龙筛绢网过滤注水 50～70 厘米，注水后每 667 米² 施经发酵、消毒的有机肥 150 千克，培育浮游生物，为虾蟹提供适口生物饵料。

3. 水草种植

为虾蟹营造良好的生态环境，栽种 2～3 个品种，栽种面积控制在池塘面积的 30% 左右。水草以伊乐藻为主，占 40%～50%，搭配轮叶黑藻、苦草、微齿眼子菜的 50%～60%。通过多品种搭配栽种，确保蟹池水草的持续、足量供应。做好茬口衔接，前期对轮叶黑藻、苦草实行围隔圈养，待到 6 月轮叶黑藻、苦草长成后撤掉围网，保证水草的常年供给。

（三）苗种放养

1 月底、2 月初每 667 米² 放养规格为 100～160 只/千克的扣蟹 750～900 只；放养规格 1 000～1 500 尾/千克的青虾幼虾 20～25 千克，10～15 尾/千克的鲢、鳙 20 尾；7 月底、8 月初每 667 米²

放养规格为 7 500～8 000 尾/千克的虾苗 2.5 万～3.0 万尾。虾蟹苗种放养前 2 小时，泼洒防应激反应的制剂，蟹种放养时做好吸水、消毒工作。

(四) 饲养管理

1. 饵料投喂

(1) 饵料品种　主要有螺蛳、颗粒饲料、黄豆等。

(2) 投饲管理　清明节前每 667 米² 投放活螺蛳 250～300 千克让其繁殖。供虾蟹摄食的同时，改善池塘水质，提高水体的自净能力。

不同阶段投喂不同蛋白质含量的河蟹颗粒饲料，6 月前、9 月后投喂蛋白质含量为 38%～42% 的颗粒饲料，日投喂 1 次，时间为 16:00—17:00；6—9 月投喂蛋白质含量为 32% 的颗粒饲料，日投喂两次，06:00—07:00 投喂日总投量的 40%，17:00—18:00 投喂日总投量的 60%。日投喂量按照河蟹体重的 5%～8%，并根据天气、水质、虾、蟹摄食状况适时调整，一般以 3 小时内吃完为度，不增投青虾的饲料。养殖中后期，可根据存塘螺蛳情况，每 667 米² 投放 100～150 千克螺蛳。

(3) 水质调节　虾蟹混养池塘，既要水质清新、溶氧充足，又要水质保持一定的肥度，以保证虾苗下塘有丰富的生物饵料。因此，调节好水质关系到虾蟹养殖效果，养殖前期（5 月前），透明度控制在 30～35 厘米，溶氧量保持在 5 毫克/升以上。养殖中期，水温升高，池塘虾蟹密度加大，增加微孔增氧开机频次和时间，始终保持足够溶氧量，透明度控制在 35～40 厘米，主要采取前期少注水，适当施肥培肥水质，中、后期水浓时勤注水，保持虾蟹池塘水质肥、活、嫩、爽。水质过肥时，放掉部分老水再加注新水，一般 4 月前、10 月后以少量加水为主，5—9 月视情况每 3～7 天换水一次，每次加换水 10 厘米左右。

(4) 水草管理　养殖中后期水草覆盖率控制在 50%～55%，在具体操作中，除在栽种时采取分片栽种、疏密合理等措施外，还在生产管理中采取抽条的方式控制水草总量，特别是在中后期，水草疯长，抽条必须及时到位。

在水草养护上，注意水平分布和立体分布。在水平分布上，采用"≡"形、"井"字形栽种，每条草带宽度控制在2.0米，草带之间间隔1.2~1.5米，防止因水草大片栽种造成水流不畅、水草自阴作用加强，光合作用受阻。在立体分布上，水草顶端距水面30厘米以下（轮叶黑藻、苦草距水面30厘米以下，伊乐藻、微齿眼子菜距水面50厘米以下），以防止表层水面温度过高对水草形成伤害，同时，在水体中形成多层立体结构，为河蟹生长和栖息提供更多的空间。

（5）**防治病害**　病害防治坚持"以防为主、防治结合"的原则，每年坚持冬闲期晒塘、清塘，苗种放养前用药物消毒处理；加强环境调控，科学增氧，保持池水高溶解氧；加强水草养护，维持水质良好稳定；生长阶段每隔半月泼洒生石灰和微生物制剂1次，每个月使用中草药拌饵投喂7天，以调节水质及预防病害。平时每15~20天用硫酸锌、二氧化氯等交替预防病害。

（五）捕捞上市

池塘虾蟹混养，青虾常年捕捞，捕大留小是提高产量和商品率的关键，春虾从4月中旬开始捕捞，及时捕出大规格青虾，河蟹10月开始捕捞，秋虾于9月底开始捕大留小。

二、虾、蟹双主养高产高效实例1

（一）养殖户基本信息

顾杏荣，昆山市锦溪镇峡港村养殖户，养殖面积9 338米^2，2口塘，水深1.3米，2013年开展虾、蟹双主养生产，取得了蟹、虾双丰收，每667米^{2}产值13 350.8元，每667米^{2}效益8 687.8元。

(二) 放养与收获情况

该模式放养与收获情况见表4-9。

表4-9 放养与收获情况

养殖品种	放 养			收 获		
	时间	规格	每667米²放养量	时间	规格	每667米²收获量（千克）
河蟹	2013年3月1日	200只/千克	1 300只	2013年11月10日	150克	110.7
青虾	2013年2月25日	1 000只/千克	25千克	2013年4月20日	260只/千克	50.23
青虾	2013年7月22日	8 000尾/千克	20 000尾	2013年11月10日	320尾/千克	30.5
沙塘鳢	2013年5月26日	4～5厘米	400尾	2013年11月10日	70克/尾	12.5

(三) 效益分析

该模式效益分析见表4-10。

表4-10 效益与分析

项 目			数量	单价	总价（元）
成本	1. 池塘承包费		9 338米²	每667米²单价400元	5 600元
	2. 苗种费	扣蟹	18 200只	0.4元/只	12 880
		虾种	350千克	35元/千克	12 250
		虾苗	35千克	50元/千克	1 750
		小计			26 880
	3. 饲料费	配合饲料	1 500千克	5.6元/千克	8 400
		小杂鱼	2 000千克	4.0元/千克	8 000
		螺蛳	5 000千克	1.6元/千克	8 000
		小计			24 400

（续）

项　目			数量	单价	总价（元）
成本	4.渔药费	消毒剂（箱）			3 100
		微生态制剂（瓶）			2 100
		杀虫杀菌剂（瓶）			800
		内服药物（袋）			600
		其他			500
		小计			7 100
	5.其他	肥料（千克）			2 100
		水草（千克）			3 200
		电费（度）			1 600
		人工（工时）			
		折旧			
		小计			6 900
	总成本		9 338 米^2	每 667 米^2 成本 4 663 元	65 280
产值	单项产值	河蟹	1 549.8 千克	65 元/千克	100 737
		商品虾	1 130.2 千克	72 元/千克	81 374.4
		鳙、鲢	600 千克	8 元/千克	4 800
	总产值		9 338 米^2	每 667 米^2 产值 13 350.8 元	186 911.4
总利润			9 338 米^2	每 667 米^2 利润 8 687.8 元	412 875

（四）关键技术

①冬闲时节排空塘水、曝晒塘底，每年养殖结束后，深耕并晒塘 2 个月左右。②早放苗，3 月中旬前蟹种放养结束，放养大规格蟹种。③早期适度肥水，透明度控制在 30 厘米左右，有利于青虾生长。④栽种复合型水草，设置暂养区，蟹种先放入小围网内，蜕壳 1 次以后再放入大池，为水草生长打好基础。⑤塘口安装微孔管道增氧设备，4 月底开始增氧，保证水体溶氧，促进河蟹生长。

三、蟹、虾双主养高产高效实例 2

(一)养殖户基本信息

钱正兴,张家港市科特特种水产养殖公司。池塘养殖面积 13 340 米^2。2013 年开展虾、蟹双主养生产,取得了每 667 米^2 产青虾 104.4 千克、河蟹 76.5 千克的好收成,每 667 米^2 产值 13 642.3元,每 667 米^2 效益达 8 897.3 元。

(二)放养与收获情况

该模式放养与收获情况详见表 4-11。

表 4-11 放养与收获情况

养殖品种	放 养			收 获		
	时间	规格	每 667 米^2 放养量	时间	规格	每 667 米^2 收获量(千克)
河蟹	2013 年 2 月 18 日	160 只/千克	800 只	2013 年 10—12 月	175 克	76.5
青虾	2013 年 1 月 25 日	1 000 只/千克	30 千克	2013 年 4 月 20 日	260 只/千克	58.6
青虾	2013 年 7 月 26 日	6 000 尾/千克	30 000 尾	2013 年 11 月 10 日	320 尾/千克	45.8
鳙、鲢	2013 年 1 月 26 日	250 克/尾	30 尾	2013 年 12 月	1.8 千克/尾	48.5

(三)效益分析

该模式效益分析详见表 4-12。

表 4-12 效益分析

项　目		数量	单价	总价(元)
成本	1. 池塘承包费	13 340 米^2	每 667 米^2 单价 1 000 元	20 000
	2. 苗种费 扣蟹	16 000 只	0.4 元/千克	6 400
	虾种	600 千克	35 元/千克	21 000
	虾苗	100 千克	50 元/千克	500
	小计			27 900

（续）

项　目			数量	单价	总价（元）
成本	3.饲料费	配合饲料	2 000 千克	6.0 元/千克	12 000
		小杂鱼	3 000 千克	3.6 元/千克	10 800
		螺蛳	6 000 千克	1.6 元/千克	9 600
		小计			32 400
	4.渔药费	消毒剂			3 600
		微生态制剂			2 000
		杀虫杀菌剂			800
		内服药物			600
		其他			500
		小计			7 500
	5.其他	肥料			1 600
		水草			3 500
		电费			2 000
		人工			
		折旧			
		小计			7 100
	总成本		13 340 米^2	每 667 米^2 成本 4 745 元	94 900
产值	单项产值	河蟹	1 530 千克	75 元/千克	114 750
		商品虾	2 088 千克	72 元/千克	150 336
		鳙、鲢	970 千克	8 元/千克	7 760
	总产值		13 340 米^2	每 667 米^2 产值 13 642.3 元	272 846
	总利润		13 340 米^2	每 667 米^2 利润 8 897.3 元	171 946

（四）关键技术

①冬闲时节排空塘水、曝晒塘底，苗种放养前用茶籽饼药塘，既清塘，又可以很好地肥水。②春季青虾苗种要早放苗、放足苗、放大苗，才能保证春季青虾产量和上市时间卖出好价钱。③前期保持透明度控制在 30 厘米，既培育了生物饵料，又提高了早春池塘水温，促进虾、蟹的生长。④安装微孔增氧设施，4 月底开始增氧，保持水体溶解充足。⑤喂好料，5 月前使用 42％蛋白质南美白对虾料。

第四节　蟹、南美白对虾混养模式

近年来，随着我国河蟹养殖面积的不断扩大，河蟹养殖效益受到了因养殖产量的增加和市场价格不稳定因素的影响，导致河蟹养殖风险增加。而南美白对虾以其生长速度快、投资成本低，市场价格稳中有升，受到养殖户的青睐。在原有河蟹养殖模式的基础上，通过在河蟹养殖池塘中放养一定的南美白对虾，并对传统的河蟹养殖技术进行适当改革，在河蟹产量基本不变的情况下，每 667 米^{2}可增收南美白对虾 75～100 千克，有效降低了河蟹养殖风险。江苏省南通地区形成了南美白对虾与河蟹双主养模式。

一、模式技术要点

（一）池塘条件

池塘呈长方形，东西走向，池深 1.5～2.0 米。池塘进排水配套，水质良好无污染。池塘四周用高度为 60 厘米左右的铝皮围栏防止河蟹逃逸，按每 667 米^{2}0.2～0.3 千瓦配备增氧设施。

（二）清塘

1—2 月用生石灰进行干塘消毒，每 667 米^2 用生石灰 100～150 千克，曝晒 20 天后进水放养苗种。

(三) 水草栽种

2 月中旬前后沿池四周种植伊乐藻，水草量占池塘面积的 20％左右。

(四) 苗种放养

3 月上旬开始放养蟹种，每 667 米^2 放 800 只，规格 120～160只/千克；蟹种放养 10～15 天后，放养鳙、鲢种，每 667 米^2 放鲢50 尾、鳙 20 尾。5 月中下旬开始放养南美白对虾淡化苗，每 667 米^{2}放 1.5 万～2.0 万尾，规格 0.7～1.0 厘米。

(五) 饲料投喂

3—5 月主要投喂幼蟹饲料，同时每 667 米^2 还投放活螺蛳50～100 千克。6 月南美白对虾苗下塘后，适当增投白对虾开口饵料，提高白对虾苗的成活率。7—10 月投喂蛋白质含量为 35％左右的河蟹颗粒饲料，并按虾、蟹体重的 3％～5％投喂。9 月南美白对虾起捕后，重点做好河蟹的后期育肥。

(六) 日常管理

整个养殖期间保持水质清新、溶氧丰富、透明度 30～40 厘米，高温季节及时进水和换水；每天早晚巡塘，检查水质、溶氧，养殖对象吃食和活动情况。在台风、暴雨等灾害性天气前后，密切注意虾蟹缺氧及河蟹逃跑情况。

(七) 病害防治

养殖期间，主要利用种植伊乐藻、采用生物制剂调节水质等措施，控制水质污染，提高产品质量，增加养殖效益；每半个月到20 天使用 EM 菌或光合细菌等生物制剂改善水质与底质。并适时泼洒生石灰、二氧化氯等进行水体消毒（与生物制剂使用相隔 5～7 天）。

二、养殖实例介绍

(一)养殖户基本信息

王国平,海门市常乐镇摆渡村养殖户,塘口面积 3 335 米²,养殖河蟹已有 12 年经验。2013 年开展河蟹与南美白对虾的双主养,结果在产量、效益方面均取得了非常好的效果。

(二)放养与收获情况

该模式放养与收获情况详见表 4 - 13。

表 4 - 13　放养与收获情况

养殖品种	放　养			收　获		
	时间	规格	每 667 米²放养量	时间	规格	每 667 米²收获量(千克)
河蟹	2013 年 3 月 5 日	140 只/千克	800 只	1 月 1 日前后	115 克	65
南美白对虾	2013 年 5 月 25 日	0.8~1.0 厘米	1.8 万尾	9 月上旬	80~100 尾/千克	115
鳙、鲢	2013 年 3 月 18 日	5~8 尾/千克	鲢 50 尾、鳙 20 尾	9 月下旬	鲢 1.75~2 千克/尾、鳙 2.5~3 千克/尾	108

(三)效益分析

该模式效益分析见表 4 - 14。

表 4 - 14　效益分析

项　　目			数量	单价	总价(元)
成本	1. 池塘承包费		3 335 米²	每 667 米²单价 800 元	4 000 元
	2. 苗种费	扣蟹	30 千克	56 元/千克	1 680
		虾苗	9 万尾	90 元/万尾	810
		鱼种	25 千克	48 元/千克	1 200
		小计			3 690

（续）

项　　目			数量	单价	总价（元）
成本	3. 饲料费	配合饲料	2 500 千克	5 元/千克	12 500
		小杂鱼			
		螺蛳	250 千克	2 元/千克	500
		玉米等			
		小计			13 000
	4. 渔药费	消毒剂	3 箱	100 元/箱	300
		微生态制剂	60 瓶	25 元/瓶	1 500
		杀虫杀菌剂			
		内服药物			
		生石灰	1.5 吨	200 元/吨	300
		小计			2 100
	5. 其他	肥料			
		水草			
		电费	3 050 度	0.52 元/度	1 586
		人工	6 工时	60 元/工时	360
		折旧			
		小计			1 946
	总成本		3 335 米^2	每 667 米^2 成本 4 947 元	24 736
产值	单项产值	河蟹	65 千克	70 元/千克	4 550
		商品虾	115 千克	36 元/千克	4 140
		商品鱼	108 千克	13 元/千克	1 404
		其他收入			
	总产值		3 335 米^2	每 667 米^2 产值 10 094 元	50 470
总利润			3 335 米^2	每 667 米^2 利润 5 147 元	25 735

（四）关键技术

①把好清塘关，1—2月间用生石灰进行干塘消毒，每667米²用生石灰100～150千克，曝晒20天后进水放养苗种。②把好苗种关，南美白对虾苗一定要淡化到位，放苗在5月中旬前结束。③安装微孔增氧设施，同时配备叶轮式增氧机1～2台，保证池水不缺氧和水流畅通。④适当控制水草密度，水草量占池塘面积的20%～30%。过高的水草覆盖率会影响南美白对虾活动。⑤科学投喂，6月前以河蟹饲料为主，6月南美白对虾苗下塘后，适当增投白对虾开口饵料，提高白对虾苗的成活率。7—9月投喂蛋白质含量为36%颗粒饲料，并按虾、蟹体重的3%～5%投喂。南美白对虾起捕后重点做好河蟹的后期育肥。

第五节　北方地区稻田养蟹

稻田养殖是指利用稻田浅水环境，应用生态经济学原理及现代技术手段，对稻田生态系统的结构和功能进行改造，实现水稻与鱼、虾、蟹等水生动物的共生互利，以提高稻田单位面积生产效益和产品质量的现代生态农业模式。近年来，我国辽宁省结合当地的实际情况，注重融入生态、健康养殖的理念，探索出了许多稻田养殖的新模式和新技术。

一、稻田养殖成蟹模式实例

（一）养殖户基本信息

孙秀玲，盘锦市盘山县胡家镇西湖村养殖户。稻田养殖成蟹，养殖面积867 100米²，成蟹育肥和越冬池塘100 050米²。孙秀玲从1992年开始养殖河蟹，2009年3月成立了秀玲河蟹养殖合作社，社员51人。2013年9月注册了秀玲牌河蟹商标，年销售河蟹100万千克，销售额2 000多万元。

（二）放养与收获情况

该模式放养与收获情况详见表 4-15。

表 4-15　河蟹的放养与收获

养殖品种	放　养			收　获		
	时间	规格（只/千克）	每 667 米² 放养量（只）	时间	规格（克）	每 667 米² 收获量（千克）
河蟹	2015 年 6 月 10 日	100	500	2015 年 9 月 15 日	100	25

（三）养殖效益分析

每 667 米² 稻田承包费 700 元，苗种费 150 元，饵料费 120 元，插秧、收割、起捕、投喂等人工费 280 元，化肥和农药费用 160 元，稻种费 40 元，防逃费用 50 元，费用合计 1 500 元；水稻产量 740 千克，单价 2.90 元/千克，水稻每 667 米² 产值 2 146 元，河蟹产量 25 千克，平均价格 40 元，河蟹每 667 米² 产值 1 000 元，每 667 米² 产值合计 3 146 元；每 667 米² 效益 1 646 元。

（四）经验和心得

1. 养殖技术要点

（1）**水稻种植**　水稻种植在化肥和农药使用上与普通稻田有所区别，化肥少施、勤施，特别是尿素，每次用量每 667 米² 不超过 2.5 千克，不用杀虫剂。

（2）**稻田工程**　田块四周挖环沟，环沟上宽 60 厘米、深 40 厘米，上下水线埋水泥管，进排水口对角设置，插秧后做防逃墙。

（3）**苗种投放**　苗种选择规格整齐、活力好、无伤残，规格在 100～160 只/千克，每 667 米² 投放 500 只，在暂养池暂养至 6 月 10 日前后投放稻田。

（4）**饵料投喂** 苗种投放初期和养殖后期投喂动物性饵料为主，养殖中期，高温季节投喂植物性饵料为主，每天1次，傍晚投喂，以2小时内吃完为宜。

（5）**水质管理** 定期检测水中氨氮、硫化氢等有害物质含量，在不影响水稻生长的情况下加深水位，增加换水次数和换水量，促进河蟹蜕壳生长。

2. 养殖特点

①稻田养殖成蟹在水稻不减产的情况下可提高稻田效益500～1 000元，并且显著减少使用化肥和农药使用量，提高水稻品质。②稻田成蟹从8月末开始提前育肥，在中秋节前上市，提高养殖效益。③成蟹捕捞后在暂养池越冬，封冻前加强投喂，越冬时雌雄分开，提高成活率，延长上市时间。④在黑龙江水库合作养殖成蟹，面积4 068.7万米^2，8月末起捕后运输到盘锦，育肥后销售。

3. 养殖过程中遇到的问题及解决办法

（1）**稻田养殖成蟹规格小的问题** 投放大规格扣蟹，早放苗，投喂高蛋白饵料，加大换水量，加强后期育肥。

（2）**水稻种植时使用化肥和农药对成蟹养殖的影响** 在河蟹蜕壳期不使用化肥和农药，化肥使用采取增加次数、降低每次使用量，农药使用高效低毒的品种。

（五）上市和营销

（1）**成立合作社** 2009年成立秀玲河蟹合作社，养殖面积867 100米^2，暂养池面积100 050米^2，水库养殖4 068.7万米^2，年产河蟹100万千克，年销售额2 000多万元。2014年被评为全国优秀合作社。

（2）**注册品牌** 2013年注册了"秀玲牌"河蟹品牌，统一包装，保证品质。2013年在全国第三届河蟹大赛中获得"中国十大名蟹"奖。

（3）**网络销售** 2010年在淘宝开设网络销售河蟹专卖店，2015年销售河蟹5 000千克。

二、稻田蟹种养殖模式实例

（一）养殖户基本信息

吴祥玉，盘锦市大洼县新兴镇腰岗子村书记。养殖面积 66 700 米²，扣蟹越冬池塘 6 670 米²。吴祥玉从 1996 年开始养殖河蟹，1998 年起带领村民稻田养殖河蟹，2004 年成立了腰岗子河蟹协会，2007 年成立了腰岗子泽惠农副产品合作社，年销售河蟹 20 万千克，销售额 300 多万元。

（二）放养与收获情况

该模式放养与收获情况见表 4-16。

表 4-16　河蟹的放养与收获

养殖品种	放养			收获		
	时间	规格（万只/千克）	每667米²放养量（万只）	时间	规格（克）	每667米²收获量（千克）
大眼幼体	2015年6月3日	16	3.2	2015年10月5日	4～6	60

（三）养殖效益分析

每 667 米² 稻田承包费 600 元，苗种费 120 元，饵料费 40 元，插秧、收割、起捕、投喂等人工费 280 元，化肥和农药费用 160 元，稻种费 40 元，防逃费用 50 元，费用合计 1 290 元；水稻产量 680 千克，单价 2.90 元/千克，水稻每 667 米² 产值 1 972 元，河蟹产量 60 千克，平均价格 12 元，河蟹每 667 米² 产值 720 元，每 667 米² 产值合计 2 692 元；每 667 米² 效益 1 402 元。

（四）经验和心得

1. 养殖技术要点

（1）**水稻种植**　扣蟹养殖稻田水稻按照普通稻田种植，但尿素

119

用量每 667 米^2 每次不超过 2.5 千克，使用杀虫剂时加深水位，喷洒在叶面上。

(2) **稻田工程** 扣蟹养殖稻田没有环沟等蟹田工程，上下水线埋水泥管，进排水口对角设置，插秧后做防逃墙。

(3) **苗种投放** 蟹苗选择淡化 6 天以上，活力好、无杂色、无杂质的大眼幼体，每 667 米^2 投放 3.2 万只（200 克），投放蟹苗前稻田更换新水，保持 5～10 厘米水位，做好防逃、防漏、防敌害工作。

(4) **饵料投喂** 蟹苗投放前，稻田用有机肥培育好枝角类等基础饵料，蟹苗投放后投喂鱼糜等饵料，五期幼蟹后停止投喂饵料，根据河蟹生长规格，8 月初开始投喂颗粒饲料，保证河蟹出池规格约在 200 只/千克。

(5) **水质管理** 蟹苗投放前检测水中氨氮、硫化氢等有害物质含量，做到水质不好不放苗。蟹苗投放后，在不影响水稻生长的情况下加深水位，增加换水次数和换水量，保持水质清新。

2. 养殖特点

①稻田养殖扣蟹，水稻不减产且品质好，每 667 米^2 提高效益 500～1 000 元。②稻田养殖扣蟹饵料投喂主要根据 8 月初蟹种的规格大小掌握，饵料投喂足，扣蟹规格大，产量高；饵料投喂少，扣蟹规格小、产量低。③扣蟹捕捞后需要越冬，到春季销售可提高效益。

3. 养殖过程中遇到的问题及解决办法

(1) **稻田养殖扣蟹二龄蟹多和规格小的问题** 在稻田养殖扣蟹中蟹苗投放密度非常关键。密度大了规格小，不易销售；密度小了二龄蟹多，效益差。蟹苗投放密度要适中，每 667 米^2 宜投放 150～250 克。

(2) **扣蟹养殖稻田是否挖环沟问题** 稻田养殖扣蟹过去挖环沟，影响水稻产量，机械化作业不便，增加生产成本。经过几年探索，扣蟹养殖稻田取消了环沟。

(五) 上市和营销

(1) **成立合作社** 2007 年成立了腰岗子泽惠农副产品合作社，

统一采购苗种、饵料，统一销售扣蟹，年销售扣蟹 20 万千克，销售额 300 多万元。

（2）成立协会　2004 年成立了腰岗子河蟹协会，进行技术培训，提高养殖户的河蟹养殖技术和管理水平，组织村民利用稻田养殖河蟹，目前全村稻田 4 302 150 米² 全部养殖河蟹，增加农民收入近 400 万元。

第六节　其他模式养殖实例

一、池塘蟹种培养高产高效实例 1

（一）养殖户基本信息

顾国建，兴化市临城镇五里村养殖户，塘口面积 13 340 米²，4 口塘，每口 3 335 米²。2013 年养殖蟹种，每 667 米² 产优质蟹种 210 千克，每 667 米² 效益 10 022 元。

（二）放养与收获情况

该模式放养与收获情况详见表 4-17。

表 4-17　放养与收获情况

养殖品种	放　养			收　获		
	时间	规格（万只/千克）	每 667 米² 放养量（千克）	时间	规格	每 667 米² 收获量（千克）
大眼幼体	2013 年 5 月 20 日	15～16	1.5	春节前后	7.2 克/只	210
鲢	2013 年 6 月 8 日	夏花	鲢 500 尾	12 月下旬	350 克/尾	72

（三）效益分析

该模式效益分析见表 4-18。

表4-18 效益分析

项 目			数量	单价	总价（元）
	1. 池塘承包费		13 340 米²	每667 米² 单价1 000 元	20 000
成本	2. 苗种费	大眼幼体	30 千克	560 元/千克	16 800
		夏花鱼种	1 万尾	60 元/万尾	60
		小计			16 860
	3. 饲料费	配合饲料	6 500 千克	6.0 元/千克	39 000
		小杂鱼	200 千克	4 元/千克	800
		小计			39 800
	4. 渔药费	消毒剂			1 500
		微生态制剂			2 200
		杀虫杀菌剂			1 300
		内服药物			500
		生石灰			1 000
		小计			6 500
	5. 其他	肥料			4 600
		水草			2 000
		电费	4 000 度	0.5 元/度	2 000
		人工	1 工时	30 000 元/ 工时	30 000
		折旧			
		小计			38 600
	总成本		13 340 米²	每667 米² 成 本6 088 元	121 760

（续）

项　　目		数量	单价	总价（元）
产值	单项产值	蟹种　4 200 千克	75 元/千克	315 000
		鱼种　1 440 千克	5 元/千克	7 200
	总产值　13 340 米²		每 667 米² 产值 16 110 元	322 200
	总利润　13 340 米²		每 667 米² 利润 10 022 元	200 440

（四）关键技术

①大眼幼体质量是蟹种养殖的关键，要把好质量关。②培育池宜小不宜大，一般宽度不超过 30 米，池中要开挖深 60～70 厘米，1～2 米宽的沟，便于蟹苗早期培育和水花生的栽培。③彻底清塘，每 667 米² 用 250 千克或 75 千克漂白粉彻底带水清塘，彻底杀灭敌害，并晒塘 20 天以上。④全程投喂高质量的颗粒饲料。⑤加强溶解氧管理，每 667 米² 配备 0.2 千瓦微孔增氧设施，科学增氧。⑥水花生要提前 1 个月栽种，养殖过程中保持水花生合适密度和覆盖率，覆盖率维持在 70%～75%。⑦及时捕捞成熟蟹，9 月中旬用地笼网捕捞成熟蟹。

二、池塘蟹种培养高产高效实例 2

（一）养殖户基本信息

周建明，常熟市古里镇养殖户，塘口面积 47 690.5 米²，10 口塘，每口 4 669 米² 左右。2013 年养殖蟹种，每 667 米² 产优质蟹种 200 千克，每 667 米² 效益 9 225 元。

（二）放养与收获情况

该模式下放养与收获情况详见表 4－19。

表4-19　放养与收获情况

养殖品种	放养			收获		
	时间	规格（万只/千克）	每667米²放养量	时间	规格	每667米²收获量（千克）
大眼幼体	2013年5月25日	15～16	1.25千克	1月1日前后	6.5克/只	200
鲢	2013年6月8日	夏花	鲢500尾	12月下旬	350克/尾	72

（三）效益分析

该模式下效益分析见表4-20。

表4-20　效益分析

项　目		数量	单价	总价（元）
成本	1. 池塘承包费	47 690.5米²	每667米²单价1 000元	71 500
	2. 苗种费 — 大眼幼体	100千克	560元/千克	56 000
	2. 苗种费 — 夏花鱼种	2.5万尾	65元/万尾	170
	2. 苗种费 — 小计			56 170
	3. 饲料费 — 配合饲料	25 400千克	7.6元/千克	193 344
	3. 饲料费 — 小杂鱼			92 656
	3. 饲料费 — 小计			286 000
	4. 渔药费 — 消毒剂			2 500
	4. 渔药费 — 微生态制剂			5 200
	4. 渔药费 — 杀虫杀菌剂			3 000
	4. 渔药费 — 内服药物			1 500
	4. 渔药费 — 生石灰			2 100
	4. 渔药费 — 小计			14 300

（续）

项　目		数量	单价	总价（元）
成本	5. 其他　肥料			4 600
	电费			13 000
	人工	2 工时	30 000 元/工时	60 000
	折旧			
	小计			77 600
	总成本	47 690.5 米²	每 667 米² 成本 5 778 元	412 602.5
产值	单项产值　蟹种	14 300 千克	74 元/千克	1 058 200
	鱼种	2 860 千克	5 元/千克	14 300
	其他收入			
	总产值	47 690.5 米²	每 667 米² 产值 15 000 元	1 072 500
	总利润	47 690.5 米²	每 667 米² 利润 9 229.34 元	659 897.5

（四）关键技术

①把好苗种关，大眼幼体一要种质好，亲本规格要大，公蟹 175 克以上、母蟹 125 克以上；二要蟹苗规格大、颜色正（姜黄色）、活力强、淡化到位。②彻底清塘，每 667 米² 用 250 千克生石灰或 75 千克漂白粉彻底带水清塘，彻底杀灭敌害，并晒塘 20 天以上。③全程投喂蛋白质含量 42% 的高质量颗粒饲料，加强溶解氧管理，配备微孔增氧，科学增氧。④管理好水草，控制水花生生长，保持水花生合适密度和覆盖率，给仔蟹生长创造良好的栖息环境。

三、阳澄湖围网高效生态养蟹实例 1

(一) 养殖户基本信息

蔡小马，苏州市相城区度假区渔业村养殖户，阳澄湖湖泊围网养殖面积 13 340 米²。

(二) 放养与收获情况

该模式下放养与收获情况详见表 4-21。

表 4-21　放养与收获情况

养殖品种	放养			收获		
	时间	规格	每 667 米²放养量	时间	规格	每 667 米²收获量（千克）
蟹种	2014 年 2 月 25 日	80 只/千克	650	11 月	165 克/只	75
鳙、鲢	2014 年 2 月 8 日	750 克/尾	50 尾	12 月	2.6 千克/尾	125

(三) 效益分析

该模式下效益分析见表 4-22。

表 4-22　效益分析

	项　目		数量	单价	总价（元）
成本	1. 池塘承包费		13 340 米²	每 667 米²单价 750 元	15 000
	2. 苗种费	蟹种	13 000 只	1.0 元/千克	13 000
		鱼种	750 千克	8 元/千克	6 000
		小计			19 000
	3. 饲料费	配合饲料	2 400 千克	7.6 元/千克	18 240
		小杂鱼	1 000 千克	4.0 元/千克	4 000
		小计			22 240

（续）

项 目			数量	单价	总价（元）
成本	4. 渔药费	消毒剂			1 500
		微生态制剂			
		杀虫杀菌剂			
		内服药物			1 500
		生石灰			1 000
		小计			4 000
	5. 其他	肥料			
		水草			2 000
		柴油			2 000
		人工	20 工时	150 元/工时	3 000
		折旧			5 000
		小计			12 000
	总成本		13 340 米²	每 667 米² 成本 3 612 元	72 240
产值	单项产值	成蟹	1 500 千克	120 元/千克	180 000
		成鱼	2 500 千克	8 元/千克	20 000
		其他收入			
	总产值		13 340 米²	每 667 米² 产值 10 000 元	200 000
	总利润		13 340 米²	每 667 米² 利润 6 388 元	127 760

四、阳澄湖围网高效生态养蟹实例 2

（一）养殖户基本信息

姚阿三，苏州市相城区度假区渔业村养殖户，阳澄湖湖泊围网养殖面积 13 340 米²。

127

（二）放养与收获情况

该模式放养与收获情况详见表4-23。

表4-23 放养与收获情况

养殖品种	放养			收获		
	时间	规格	每667米²放养量	时间	规格	每667米²收获量（千克）
蟹种	2014年2月25日	80只/千克	400只	11月	175克/只	40
鳙、鲢	2014年2月8日	1 000克/尾	50尾	12月	3.8千克/尾	175

（三）效益分析

该模式效益分析见表4-24。

表4-24 效益分析

	项 目		数量	单价	总价（元）
成本	1. 池塘承包费		13 340 米²	每667米²单价750元	15 000
	2. 苗种费	蟹种	8 000 只	1.2 元/只	9 600
		鱼种	1 000 千克	8 元/千克	8 000
		小计			17 600
	3. 饲料费	配合饲料	1 800 千克	7.6 元/千克	13 680
		小杂鱼	7 600 千克	4.0 元/千克	3 040
		小计			16 720
	4. 渔药费	消毒剂			1 500
		微生态制剂			
		杀虫杀菌剂			
		内服药物			1 500
		生石灰			1 000
		小计			4 000

（续）

项　目			数量	单价	总价（元）
成本	5.其他	肥料			
		水草			2 000
		柴油			2 000
		人工	20 工时	150 元/工时	3 000
		折旧			5 000
		小计			12 000
	总成本		13 340 米²	每 667 米² 成本 3 612 元	72 240
产值	单项产值	成蟹	900 千克	160 元/千克	14 400
		成鱼	3 500 千克	8 元/千克	28 000
		其他收入			
	总产值		13 340 米²	每 667 米² 产值 8 600 元	172 000
总利润			13 340 米²	每 667 米² 利润 6 388 元	127 760

（四）技术措施

1. 营造优良的栖息环境

蟹种放养前需要彻底清池。清池后及时种植水草，主要以伊乐藻为主，种植面积占养殖区的 60%，池中间不栽水草，以免影响风浪及河蟹分布。待水草长至 3～5 厘米后，投放螺蛳、蚌等鲜活贝类，每 667 米² 投放量在 150～250 千克。

2. 蟹苗投放

蟹种放养密度适中、规格要大。每 667 米² 放养规格 60～100 只/千克的蟹种 400～600 只。在围网中间围一块 1/5 的面积进行蟹种暂养，既有利于早春的集中饲养管理，又有利于大面积水草的生长。暂养一般到 4—5 月河蟹第一次蜕壳 1 周后撤掉围网栏，进入整个围网区养殖。

3. 保持良好的水质

在河蟹养殖过程中应保持水质清新，水草适时清理，注意青苔的管理。在夏季应每15～20天在水流速度较慢的时间段泼洒过磷酸钙（2～3毫克/升）、生石灰（10～15毫克/升），以调节水体的酸碱度，为河蟹补充钙质，促进蜕壳生长（注意两者施用时间应隔3～5天）。

4. 搞好日常的管理

四查：查水质情况、查蟹吃食情况、查蟹生长情况、查防逃设施是否完好。四勤：勤巡塘、勤除杂草、勤清洁饲料、勤做好养殖记录。四防：防敌害、防逃、防偷盗、防水草水质恶化。

第七节　品牌建设与经营管理

渔业品牌化是现代渔业的重要标志。当前，我国渔业产业的发展已进入数量增长型向质量提高型转变、传统渔业向现代渔业转变的历史新阶段。如何立足资源优势，优化产业结构，理顺产业体系，加快品牌工程建设，做大、做强、做精渔业产业，提升我国渔业产业化经营层次，提高产品的附加值，已提到渔业主管部门和水产龙头企业的议事日程上来。近年来，各地高度重视河蟹品牌建设，品牌建设呈现了良好的发展势头，形成了"阳澄湖牌""红膏牌""军山湖牌""大通湖牌"等一大批全国名牌产品和省级名牌产品，促进产品销售，提高产品知名度和附加值，企业效益逐年增加。

一、江苏省红膏大闸蟹有限公司品牌建设介绍

江苏红膏大闸蟹有限公司是江苏省省级农业产业化龙头企业、江苏省农业科技型企业。红膏公司从1988年起步，致力于高品质大闸蟹的培育、养殖、销售。2001年10月注册成立兴化市红膏大闸蟹养殖场，2004年3月组建兴化市红膏大闸蟹有限公司，2007年1月更名为江苏红膏大闸蟹有限公司。红膏养殖场主要从事大闸

蟹的育苗、养殖，红膏公司主要从事市场开拓、品牌宣传、维护、提升。公司现拥有总资产 2.1 亿元，养殖面积 2 748.04 万米^2。引进、聘用各类中、高级专业技术人才 109 人，吸纳下岗职工及转移农村劳动力 1 803 人，职工人均年纯收入 3.5 万元以上。2007 年起连续实现单个企业河蟹销售量全省第一。红膏公司以其品牌、质量、养殖技术、市场占有率等方面的综合优势，为兴化市获得"中国河蟹养殖第一县（市）"殊荣奠定了坚实的基础。多年来，公司注重品牌建设，一步一步地实现企业发展梦。

（一）注重科技投入，夯实质量基础，为品牌建设创造条件

2003 年前，由于该公司生产的河蟹质量可靠、品质优良，苏南几个经营大闸蟹的公司每年 6 月就与其签订合同，用"红膏"的蟹挂他们的商标出售，价格要翻一番。兴化市水产局知道这一情况后，立即与红膏养殖场负责人探讨协商，认为公司生产的大闸蟹质量上乘，应该打出自己的品牌，增加产品附加值。为了打好品牌这一仗，在产品质量管理方面，我们不断创新、集成河蟹养殖技术，创建了自己的全程质量控制系统。从 2005 年起一直保持通过 ISO 9001 国际质量体系认证。2012 年起，公司投资 200 余万元，运用物联网技术，自动对池塘水质、底质进行实时监控，提高科学养殖水平。2006 年 5 月与江苏省淡水水产研究所合作成立河蟹研究基地。2012 年开全国科技研究之先河，成为全国第一个承担国家科研项目的水产企业，与中国水产科学研究院淡水渔业研究中心、江苏省淡水水产研究所、中国科学院南京地理与湖泊研究所、南昌农业科学院共同承担国家科技支撑计划课题——"长江下游池塘高效生态养殖技术集成与示范"，并以此为契机，与中国水产科学研究院淡水渔业研究中心合作，成立"博士后科研工作站"。2013 年 8 月经国家人力资源社会保障部、全国博士后管理委员会批准，公司设立国家级"博士后科研工作站"。2014 年 4 月 4 日，在上海海洋大学，上海海洋大学校长助理、水产与生命学院院长李家乐与江苏红膏大闸蟹有限公司总经理朱凤兵签署了双方合作协议。

通过产学研合作，公司在池塘环境优化、养殖品种与放养模式、水质底质调控优化上下工夫，提升了红膏大闸蟹质量，提高了养殖效益。"红膏"大闸蟹以其独特的风味、超群的品质、消费者的认可于 2005 年 12 月获得江苏名牌产品称号，2007 年 12 月、2010 年 12 月、2013 年 12 月连续通过复评保持"江苏名牌产品"称号。"红膏"牌大闸蟹保持无公害农产品、绿色食品认证。2005 年 6 月、2007 年 8 月连续获得"中国烹饪协会推荐食用产品"称号。2009 年成为"中国十大名蟹"之首，这些都彰显了"红膏"品牌的魅力。

（二）注重品牌建设，踏实开展工作，获得驰名商标

品牌建设离不开商标。"红膏"及图案商标于 1998 年设计，1999 年开始使用，2003 年 11 月 17 日申请注册，2005 年 8 月 7 日获准注册。2006 年 1 月被认定为泰州市知名商标。2007 年 12 月再次被认定为泰州市知名商标。2009 年 12 月获得"江苏省著名商标"称号。2011 年年底申请"中国驰名商标"，2012 年 12 月获国家工商总局批准。为了搞好品牌建设，公司总结商标战略实施情况，于 2007 年初制订了《实施商标战略方案》。脚踏实地进行品牌宣传。

（1）依托专业人才，实现品牌宣传的高起点 把红膏牌大闸蟹市场定位为"宴会用蟹、美食品蟹、交往送蟹"，努力占领河蟹中高端市场。从 2004 年起，公司每年编印精美的宣传画册，重点进行形象宣传。

（2）邀请权威助阵 在兴化市委、市政府的关心指导下，2005 年 10 月、2006 年 10 月兴化市连续在北京举办"中国·兴化红膏蟹暨生态水乡优质农产品北京推介会""江苏螃蟹节—兴化红膏大闸蟹说明会"。中央电视台及北京电视台都对这些活动进行了宣传报道。2007 年 10 月 5 日，央视 1 套在《新闻联播》"喜迎十七大 科学发展·共建和谐"栏目中报道了江苏泰州安丰红膏蟹变大了，2012 年 2 月 9 日央视 1 套《新闻联播》报道江苏"多措并举

助力农民增收"时，中央电视台主任记者魏毅采访了朱同林董事长。2007 年 10 月 29 日，央视 7 套在《致富经》栏目中做了"卖螃蟹的看上螃蟹宴"的专题报道。2008 年 10 月 27 日，央视 7 套《每日农经》栏目"在景区里卖的螃蟹"报道了公司河蟹销售特色。2008 年 11 月，公司参加"中国江苏兴化生态大闸蟹（香港）推介会"，获得香港客商的好评。2009 年 11 月在第二届中国十大名蟹评比中荣登榜首。2011 年在红膏生态园建设国内首家"中国河蟹博物馆"，站到了中国河蟹文化建设的制高点上。2008 年起投资建设的"红膏"生态园于 2012 年 12 月成为全国首批"休闲渔业示范基地""江苏省四星级乡村旅游点"，有效地扩大了"红膏"的影响力。

（3）加大品牌宣传的强度　从 2004 年 7 月起连续 4 个月在《美味》杂志上打广告，同时在宁波美食网、雅虎网上设定了自己的网站。从 2005 年秋天起，公司开办了自己的网站：www.honggao.net，2004 年 9 月 16 日、10 月 16 日连续举行了"红膏生态大闸蟹登陆浙江开张典礼"和"中华极品红膏蟹宴暨兴化红膏蟹风靡浙江庆典"活动，《人民日报》《新华日报》《解放日报》《扬子晚报》《钱江晚报》《E 时代周报》、浙江电视台、杭州电视台、兴化电视台等媒体采访报道，同时搜狐网、新华报业网、中国产业信息网、中国农商网等 8 家网站也进行了报道。2005 年 10 月，江苏电视台《教育频道》社会观察栏目对公司进行专访报道。2006 年起在江阴大桥南端、2007 年起在宁通高速、2009 年在沪宁高速设高炮广告。同时，通过在重阳节慰问福利院老人，在城市公交车、高档住宅区电梯间开展广告等进行宣传。2007 年 3 月，红膏大闸蟹入选泰州市首届"十佳消费者满意泰州地方食品"。2008 年 11 月 6 日，在香港大公报宣传兴化市红膏大闸蟹有限公司获授予"中国河蟹养殖大王"称号。2009 年 11 月赞助中国兴化河蟹节。2013 年举办"红膏杯"河蟹技能大赛。

各专卖店在北京、上海、天津、南京、杭州等城市都连续进行了品牌宣传，"红膏"商标在京、津、沪、渝、苏、浙、豫、晋、陕、鲁、闽市场获得越来越多的认知。

（4）**多次参加高级别的产品交易会** 公司先后参加中国国际农产品交易会、中国国际美食博览会、江苏省农业标准化成果展示会、江苏省旅游商品博览会、中国绿色食品上海展销会、兴化上海优质农产品展销会，有效地扩大了品牌影响。

（5）**举办论坛、研讨会，探寻发展路径** 通过"红膏论坛"邀请省内外知名专家、学者参会，为"红膏"品牌的发展、宣传，进行理论探讨，寻求发展空间。2013 年 5 月 4 日，来自 11 个发展中国家的 19 名司局级以上官员参加的 2013 年水产养殖推广研修班，参观了红膏生态园养殖基地、科技服务超市、生态果蔬设施种植基地、休闲垂钓基地及中国河蟹博物馆，使"红膏"品牌走向世界。

（三）创新营销方式，发挥品牌效应，提高产品附加值

创建品牌、实施品牌战略，不是为了摆花架子，而是为了提升企业素质，保证企业可持续发展，实现企业梦想。为达到这一目的，公司不断创新营销方式，努力提高品牌效益。

（1）**专营销售与品牌加盟相结合** 目前公司现有专营销售与品牌加盟销售处 60 余家，覆盖全国 20 余个省市。

（2）**礼盒销售与批量销售相结合** 一方面顺应送礼送健康的消费理念，首创泡沫盒保鲜方法推出礼品包装盒销售。另一方面与星级饭店合作，实现批量销售。并广泛与大的专业市场保持联系，不断培育新的市场。

（3）**常规销售与新型销售相结合** 在信用卡消费、网络消费已越来越多地成为大众新宠的背景下，公司加强营销队伍建设，在营销活动规范化、品牌化、全优化的同时，应用 IT 技术，开辟刷卡、礼券礼卡业务，尝试网络销售，极大地拓展了市场。

公司注重品牌建设，做到又好又快发展，一步步实现企业梦。为了加快农业结构调整，推动现代渔业发展，公司从 2008 年开始实施江苏省现代渔业园区——"红膏"生态园建设。已累计投资超

亿元,以改善生态环境为重点,按照池塘标准化要求,强化基础设施建设,实施通道绿化,推广生态共作、种草养蟹、蟹池套养小龙虾与鳜等生态养殖模式,创造湿地生态群落和湿地景观,形成住水边、玩水面、食水鲜、观水景的现代渔业休闲格局,把第一产业与第三产业有机结合,增强发展后劲,提升品牌示范带动能力,成为江苏省兴化现代渔业产业园区核心区域。

二、苏州相城国家级现代农业产业园品牌建设介绍

苏州相城国家级现代农业产业园地处"中国清水大闸蟹之乡"阳澄湖镇,东接昆山、南靠阳澄湖、北通常熟、西至苏嘉杭高速,规划建设面积 4 000 万米^2,涉及消泾、车渡、北前等 6 个行政村,计划总投资约 20 亿元,先后被批准为第二批国家现代农业示范区、首批江苏省现代农业产业园区、第四批江苏省农业科技园和首批苏州市十佳现代农业示范区。

产业园自 2009 年 3 月启动建设至今,始终围绕"科技农业、旅游农业"的目标,充分利用"阳澄湖"资源优势,坚持走品牌化、市场化经营之路,产业园主打的"阳澄湖"牌大闸蟹先后通过了国家绿色食品认证和出口许可认证,获得了中国名牌食品、中国苏蟹第一品牌和江苏省著名商标等称号,并且连续 3 年获得了全国农交会的金奖称号,年生产经营收入达到 3.5 亿元。

(一) 建好产品的生产基地

产业园采用"总体规划、分步推进"方式,截至 2013 年年底已完成 2 200 万米^2 建设,共建成了高效生态虾蟹养殖、农耕垂钓、农业科技研发、工厂化养殖和优质高效水稻种植等十大板块,其中:作为主导产业的高效生态养殖基地建设面积 1 934 万米^2,主要通过循环水立体养殖模式,运用环保生物饲料技术、微管增氧设备,全力开展阳澄湖大闸蟹的高效生态养殖,连片化、标准化、规模化的生产基地为"阳澄湖"牌大闸蟹的市场销售提供了充足的货源保障。

(二) 提升产品的科技内涵

产业园先后与中国水产科学研究院、江苏省淡水水产研究所和苏州大学等 13 家科研院校建立了产学研合作，成功研发应用了循环水高效生态养殖、水质在线实时监测技术等 6 项大闸蟹养殖新技术，累计申请了 136 项国家发明专利，其中与大闸蟹养殖相关专利 49 项。此外，产业园自主培养了 1 名国家"千人计划"，建立了刘筠、雷霁霖 2 个企业院士工作站。设立了江苏省企业博士后工作站，通过科技平台与专利成果不仅有效提高了大闸蟹养殖产量及质量，而且丰富了产品宣传的内容，为"阳澄湖"牌大闸蟹品质保障提供了强有力的支持。

(三) 加强产品的质量安全

产业园建立了集水质在线监测、质量追溯、安防监控、病害远程诊疗、产品质量检测等功能于一体的智能化控制中心。通过中心的有效运营，不仅实现了从产前、产中、产后对阳澄湖大闸蟹质量的全程监管，保障大闸蟹的产品质量安全，而且通过运用物联网技术，全面提升大闸蟹生产管理的信息化、智能化、自动化建设水平，确保了阳澄湖大闸蟹的产品质量安全，因此让消费者买得放心、吃得安心，这也为"阳澄湖"牌大闸蟹销售提供了最坚实、最可靠的保障。

(四) 完善产品的营销网络

产业园建立了集产品展览、销售、仓储、包装和配送等功能于一体的配载中心，主要负责为产业园覆盖全国的大闸蟹销售网络提供后勤保障。目前"阳澄湖"牌大闸蟹已在全国共开设 122 家连锁加盟店，销售网络遍布除新疆以外的各个省、直辖市。同时，产业园十分注重电子商务的应用和发展，已经在天猫、京东商城等平台开设 7 家网络旗舰店，吸引了顺丰、EMS 等 5 家快递企业入驻，电子商务营销占总销售额的比重逐年上升，因此多渠道、多方向的营销网络为"阳澄湖"牌大闸蟹提供了最佳舞台。

（五）抓好产品的配套服务

产业园在大力推进大闸蟹生产经营活动的同时，十分注重后勤保障和配套服务的建设及发展。一方面，产业园单独组建了营销团队，专门负责品牌的文化建设、宣传推广、维护升级和后勤服务等，充分利用网络、报刊杂志等传媒平台，加大"阳澄湖"牌大闸蟹的宣传力度，并组建客服团队，提升品牌服务的专业化水平；另一方面，产业园建立了农耕俱乐部、垂钓中心、度假中心等配套服务，重点打造以阳澄湖为主导特色的农业旅游品牌，从而更好的挖掘大闸蟹的产品附加值，从而为"阳澄湖"牌大闸蟹提供稳定的后勤保障。

参 考 文 献

敖礼林，王绍昱，况小平．2009．河蟹的科学暂养和装运技术［J］．渔业致富指南（16）：27-28．

陈炳泉．2004．河蟹健康生态育苗把"六关"［J］．科学养鱼（3）：5．

陈国海．2009．河蟹和小龙虾套养高产高效技术［J］．上海农业科技（1）：69-70．

成永旭，王武，李应森．2007．河蟹的人工繁殖和育苗技术［J］．水产科技情报，34（2）：73-75．

耿英慧．2010．河蟹养殖过程中水草死亡常见原因及对策［J］．渔业致富指南（14）：44-46．

季东升．2004．河蟹人工育苗过程中水处理与病害防治［J］．齐鲁渔业，21（3）：42．

李晓红．2007．河蟹大眼幼体鉴别运输及养殖技术［J］．农村实用技术（7）：55．

林长虹．2009．河蟹养殖池中伊乐藻的养护［J］．渔业致富指南（16）：33-34．

卢凌霄，吕超，陈加．2007．江苏省河蟹产业发展研究［J］．水产科技（6）：31-35．

钱国英，朱秋华．1999．中华绒螯蟹配合饲料中蛋白质、脂肪、纤维素的适宜含量［J］．中国水产科学，6（3）：61-65．

沙开胜．2010．河蟹病害发生的原因与对策［J］．中国水产，31（5）：57．

唐八一，徐月清．2009．提高河蟹养殖效益的方法与途径［J］．中国水产（6）：78-79．

陶尚春．2010．河蟹的蜕壳与生长［J］．科学养鱼（8）：78．

王荣林，周玉庆．2007．蟹池青苔生物生态综合防治技术［J］．中国水产（6）：42．

吴霆，华伯仙，顾伟，等．2010．中华绒螯蟹颤抖病诊断与防治技术［J］．畜牧与饲料科学（8）：59-61．

肖光明，邓云波．2005．淡水蟹虾养殖［M］．长沙：湖南科学技术出版社．

薛晖，刘丽平，丁正峰，等．2008．蟹虾鳖龟蛙病害防治路路通［M］．南京：

江苏科学技术出版社.

严爱平.2007.蟹池中常见水草的种植与管理技术［J］.科学养鱼（1）：34-35.

杨峰.2008.修复河蟹生态养殖环境的"三十二字经"［J］.中国水产（9）：36-39.

杨维龙，张关海.2005.河蟹生产现状与可持续发展的思考［J］.淡水渔业（2）：62-64.

殷祝东.2004.南方河蟹苗种培育及稻田养殖技术初探［J］.科学养鱼（1）：26-27.

张兵.2008.稻田生态养殖大规格河蟹实用技术［J］.北方水稻，38（3）：117-118.

张列士，李军.2002.河蟹增养殖技术［M］.北京：金盾出版社.

赵春民，滕淑芹，袁春营.2007.天然海水池塘生态培育河蟹苗关键技术［J］.水利渔业，27（2）：29-30.

赵乃刚，申德林，王怡平.1997.河蟹增养殖新技术［M］.北京：中国农业出版社.

周初霞，罗莉.2005.河蟹的营养需要［J］.江西饲料（2）：20-23.

周刚，朱清顺.2005.无公害河蟹养殖技术［J］.科学养鱼（1-3）：14-15.

周来根，张菊妹，周鑫.2007.河蟹养殖池中青苔的控制方法［J］.科学养鱼（8）：56.

朱明.2003.河蟹人工育苗的水质控制方法［J］.中国水产（12）：58-59.

朱清顺.2002.无公害河蟹养殖技术［M］.昆明：云南科技出版社.

彩图1

彩图2

彩图3

彩图1　标准化池塘蟹种培育池
彩图2　优质蟹苗
彩图3　蟹苗运输箱
彩图4　蟹种暂养

彩图4

彩图5　蟹种的包装与运输
彩图6　标准化成蟹养殖池塘
彩图7　防逃设施

彩图8　池塘清塘消毒
彩图9　围网水草养护
彩图10　大规格优质蟹种

彩图8

彩图9

彩图10

彩图11　蟹种消毒
彩图12　饵料投喂
彩图13　生物制剂使用

彩图14

彩图15

彩图16

彩图17

彩图18

彩图19

彩图20

彩图18　成蟹暂养
彩图19　标准化河蟹网围养殖
彩图20　标准化河蟹稻田养殖
彩图21　颤抖病
彩图22　腐壳病

彩图21

彩图22

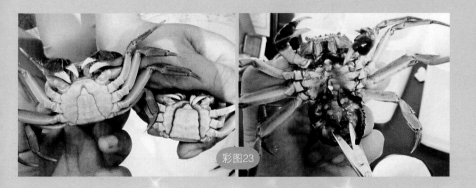

彩图23

彩图24

彩图25

彩图23　蟹奴病
彩图24　蜕壳障碍病
彩图25　烂肢病
彩图26　弧菌病
彩图27　黑鳃病
彩图28　水肿病

彩图26

彩图27

彩图28

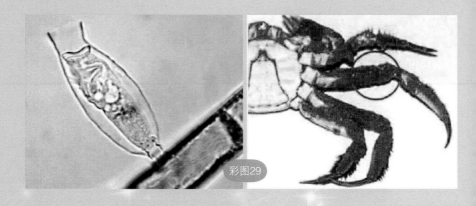

彩图29　纤毛虫病
彩图30　青泥苔病
彩图31　仔蟹上岸综合征
彩图32　洪水期死蟹症